美化你的教学 PPT

邢 磊 ◎ 编著

上海交通大学出版社
SHANGHAI JIAO TONG UNIVERSITY PRESS

内容提要

  本书结合教学理念、教学场景、学科特点、受众对象等教学需要考虑的重要方面，详细介绍了美化教学 PPT 的实用方法，从内容优先原则、简洁原则、视觉化原则、排版原则和用色原则几大方面展开。书中配备了大量的实战案例分析，帮助教师认识教学 PPT 中的常见误区，掌握美化提升教学 PPT 的关键技能，在短时间内较大幅度提升教学 PPT 的制作水平。此外，书后的资源索引可帮助教师高效寻找素材。

  本书适合大中专院校及中小学教师等教育行业的从业者学习参考，对于其他对 PPT 感兴趣的读者也具有参考价值。

图书在版编目（CIP）数据

美化你的教学 PPT/邢磊编著. —上海：上海交通大学出版社，2020
ISBN 978 - 7 - 313 - 22823 - 9

Ⅰ．①美⋯ Ⅱ．①邢⋯ Ⅲ．①图形软件 Ⅳ．①TP391.412

中国版本图书馆 CIP 数据核字（2019）第 301418 号

美化你的教学 PPT
MEIHUA NIDE JIAOXUE PPT

编 著：邢 磊
出版发行：上海交通大学出版社   地 址：上海市番禺路 951 号
邮政编码：200030   电 话：021 - 64071208
印 制：上海锦佳印刷有限公司   经 销：全国新华书店
开 本：787mm×1092mm 1/16 印 张：11
字 数：158 千字
版 次：2020 年 3 月第 1 版   印 次：2020 年 3 月第 1 次印刷
书 号：ISBN 978 - 7 - 313 - 22823 - 9
定 价：58.00 元

序 The Preface

　　大学课堂是师生教学活动的场所，是大学人才培养的主渠道。要使人才培养质量得到实质性的提高，必须对课堂教学进行改革，课堂教学始终是大学教学改革的重点。课堂改革专注于改变传统课堂面貌，建设现代课堂，以达到培养新型人才、提高人才培养质量的目的。当前，越来越多的高校教师已经认识到课堂改革的重要意义，但是由于缺乏有效的方法和工具，落实先进教育理念、创造富有生机的课堂还存在着理想和现实之间的差距。

　　教育技术是提高教学质量、改进课堂教学效果的重要手段。开展教育技术培训在进一步促进广大教师深入进行教学思想、教学内容、课程体系、教学方法、教学手段的整体改革，进而提高人才培养质量的过程中发挥着非常积极的作用。PPT 在大学课堂教学中已经得到了广泛的使用，是一项非常基本的教学技术，但是教学 PPT 不同于普通的 PPT，它需要配合教师的教学设计，在恰当的时机呈现教学内容，推进教学活动的开展，帮助学生学有所获。 PPT 教学课件的制作水平在很大程度上影响了教师的授课质量。《美化你的教学 PPT》一书试图从教学理念层面、教学方法层面，以及工具实操层面为教师教学提供帮助与启发。

　　为了更好地推广先进的教学理念，弘扬优良的教学文化，探索科学的教学规律， 2011 年，上海交通大学在全国率先建立了教学发展中心。中心成立以来，以世界一流大学的教学支持机构为标杆，以助力建设世界一流大学为目标，针对教师不同职业阶段需求和教学的全过程，立体式、多角度、全方位地开展了大量的工作。试图经过持续的努力，将现代课堂理念、技术、方法和要求等大范围地传播给教师，使教师转变教学思想观念，改善教学方法，完善教学活动组织，优

1

化学生学习过程，从而提高课堂教学水平和质量。

  教师课堂教学效果的持续改善是一个需要长期努力、不断探索的过程，特别需要教师不断地自我学习和自我提高。《美化你的教学 PPT》一书的编写基于作者长期在一线从事教师培训的经验积累和研究成果，希望能对一线教师的课堂教学和课堂改进提供支持与启发，同时也能够为从事高校教师教学发展工作的同行提供可以共享的优质教学资源，为高校的教学改革与人才培养质量提升贡献绵薄之力。

章晓懿

上海交通大学教学发展中心主任

2019 年 11 月

前言 The Foreword

　　PPT 在大学教学中被广泛使用，而 PPT 教学课件的制作水平在很大程度上影响着教师的授课质量。制作精良的 PPT 能很好地激发学生学习积极性，吸引学生注意，激发学生思考，帮助学生强化学习效果，而劣质的 PPT 则会对学生的学习起到反作用。

　　教学 PPT 不同于普通的 PPT，它更多需要配合教师的教学设计，在恰当的时机呈现教学内容，推进教学活动的开展，帮助学生学有所获。然而，对于科研工作和教学工作繁忙的大学教师而言，可能很难花费大量的时间对教学 PPT 进行细致的美化，很难做到每个细节都精益求精。

　　为了帮助高校教师高效率地学习并提高 PPT 制作水平，进而实现教学质量的提升，我在 2012 年开设了"美化你的 PPT"系列教学工作坊，最初只是面向上海交通大学的校内教师开展面对面培训。后来，该主题的培训得到了各高校热烈的反响，应邀为国内高校教师培训累计超过 50 场，成为最受高校教师欢迎的教学培训主题之一。通过长期的教学实践，以及与高校一线教师的互动，培训打磨得日臻完善和成熟，并逐渐萌生了将优质面授工作坊进行在线化的想法。

　　2019 年 5 月，"美化你的教学 PPT"第一次以网络课程的形式在爱课程平台上线，首次开班即吸引了近 2 万人参加课程，并深受好评。为了满足众多学习者使用纸质教材进行学习的偏好，同时也为了给"美化你的教学 PPT"慕课提供配套的教材， 2019 年 8 月，在网络课程的基础上，我对本书文字脚本和图片重新进行了编排，形成此书。

　　本书通过完整的文字叙事和说理来说明美化 PPT 的原则、方法、策略和技巧，通过贯穿全书的图例和说明文字，帮助读者通过读图的方式概要了解这些学习内容。希望读者能够通过阅读本书形成对 PPT 的鉴赏力，掌握典型 PPT 风格的制作方法。全书内容共分成 6 章、 35 个小主题，涵盖了教学 PPT 美化制作的重要方面，同时每个主题又自成系统，学习者可以根据自己的情况选择特定的主题进行学习和阅读，获得更有针对性的学习体验。

对于大学教师、中小学教师等教育行业的从业人员来说，本书紧密结合了教学理念、教学场景、学科特点、受众对象等教学需要考虑的重要方面，对教学 PPT 的设计与美化做了深入的阐释。相信无论从教学理念层面、PPT 美化方法层面，还是工具实操层面，都能给读者带来很多的"干货"。

对于其他感兴趣的学习者来说，本书涉及的 PPT 美化原则和技巧、 PPT 素材和美化案例，对提升 PPT 鉴赏水平、提高 PPT 制作水准也是有所帮助的。

如果读者想要得到更加丰富的学习体验，还可以在爱课程平台选择"美化你的教学 PPT"慕课，观看视频教学资源，并通过练习和展示活动，提升相关操作技能。

2019 年 9 月

目录
Catalogue

1

第一章
PPT 基础

本章主要讲解 PPT 的常见误区、评价标准和五种典型的风格。

探讨 PPT "好"的标准是为了帮助学习者从整体上把握 PPT 的好与不好究竟是如何体现的，明确美化 PPT 的方向。同时，读者还可以结合常见误区，反思自己的 PPT 制作水平。

五种 PPT 典型风格是对前人成功经验的高度总结，对此进行借鉴是美化 PPT 的一条捷径，可以提高我们的学习效率。

▊ 五种常见的 PPT 误区

教学 PPT 制作很容易步入五个误区。

误区一： 文字太多，字号太小。

字太多、太小，增加了阅读压力，学生要不停地用眼睛"搜索"页面信息，注重了"看"，容易忽略"听"，错过教师的口头讲解部分。

文字太多不利于展示。首先，文字过多会转移学生听课的注意力，他们会把注意力更多地放在阅读文字上，难以专注地倾听、深入地思考教师的讲解。

其次，文字过多还会影响阅读，字越多，就会越小，字距、行距都会拉得很近，给阅读者带来很大的压力。比较大的字号，比较宽的字距、行距，更易于阅读。

有的教师为了避免忘记要讲授的内容，或者为了让学生阅读到更多的内容，会在 PPT 上放非常多的文字，其实这种做法是错误的。PPT 课件上的文字应是提纲挈领的几个重点，这样教师才能把学生的注意力集中到自己的讲解上，至于文字的、具体的、更详细的内容，完全可以采用其他方式呈现，或者让学生课后再阅读。

误区二： 字体多多，颜色多多。

教师早期的 PPT 作品可能会出现这种问题，就是各种颜色、各种字体都想去尝试。但是，较多的颜色和字体，会分散课件的主题和重点，容易引起学生思维混乱，不能准确地知道哪个是重点，哪个是非重点。

PPT 的美化通常需要经历一个尝试的过程，学习者只有尝试过各种字体、各种颜色，才会对它们逐渐形成比较明确的观感，增强对它们的理解，慢慢形成自己偏好的风格。

Dimensions, Dimensional Homogeneity, and Units

Two aspects to deal with a variety of fluid characteristics:

QUALITATIVE ASPECT

Identify the nature or type of the characteristics (such as length, time, stress, and velocity).

QUANTITATIVE ASPECT

Provide a numerical measure of the characteristics. The quantitative description requires both a number and a standard by which various quantities can be compared.

Units: A standard of primary quantities
Basic dimensions: L, T, and M // L, T, and F
Dimensionally homogeneous:
The dimensions of the left side of the equation must be the same as those on the right side, and all additive separate terms must have the same dimensions.

字体多、颜色多，容易让学生眼花缭乱，感到迷茫。

误区三：　使用无关的模板、插图。

PPT 模板能够把原始素材快速生成比较成熟的作品。使用 PPT 模板，就不用再手动去划分页面区域，规划标题、内容、图片的位置和大小。页面还会自动生成各个区域协调的配色，使得整个 PPT 页面有统一的风格，显得美观、清晰、统一。

🕐 **足球基本技术动作分析及教学与训练**

技术的分类：

1. 锋、卫技术
脚内侧运球
脚背正面运球
脚背外侧运球
脚背内侧运球
其他：拨球、拉球、扣球、挑球、颠球

2. 守门员技术

无关的模板和插图会与内容之间形成矛盾和冲突，使得学生的注意力更多集中在这一矛盾冲突上，忽略真正的重点内容。

但需要注意的是，PPT 模板是由"设计"主导的，而使用场合是由"内容"主导的，这两者如果不契合，就会让 PPT 显得不协调。一套模板很难刚好适合要制作的内容，所以如果采用模板，要特别注意选用与内容契合的模板，很多时候可能需要借鉴不同的模板或自己设计模板，使 PPT 的形式更好地服务于内容的表达。

插图和模板一样，也需要服务于内容的表达，无关的插图、不恰当的配图只会增加读者的阅读负担，干扰读者的思路，不利于 PPT 内容的传达。

误区四：　多媒体使用过度。

有人喜欢把自己会的 PPT 技巧和特效一股脑儿全部使出来，认为 PPT 动画、音效俱全，才能显示其专业水平。其实，过分追求技巧，过分注重效果设计，可能会弱化内容的表达，产生本末倒置的结果。过多的特效会使得读者更易沉浸到感官刺激中，缺乏对 PPT 传达内容的感受。

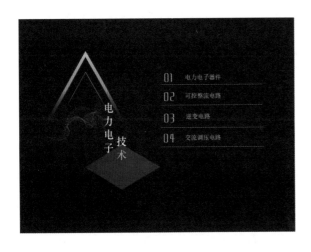

这张 PPT 设计了酷炫的动画效果（在爱课程网上可以观看），而酷炫的效果会把学生的注意力吸引到效果本身上，忽略真正的重点。

误区五：　对比不够。

有的 PPT 给人感觉很刺眼，有的看上去很模糊，有的看上去内容一大片，让人难以落眼，这些问题都是对比不当所带来的。

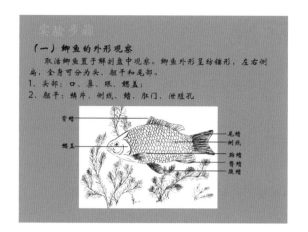

对比不够会极大地挑战学生的视力和耐心，经不起挑战的会放弃学习，接受挑战的也会被迫将更多的精力放在分辨内容上，而不是对内容展开学习。

　　PPT 页面上的信息有不同的强弱重点，需要通过不同的美化方法营造不同的视觉强度，给读者带来不同的视觉层次。

　　以上是新手常常容易步入的五个误区，了解这些误区能够帮助我们更好地形成对 PPT 的鉴别力，在制作 PPT 的过程中尽可能避免步入这些误区。

好 PPT 的三档标准

什么是好的 PPT？这是 PPT 美化中一个很重要的基本问题。明确了这个问题，美化就有了具体的方向。

可以先看看不好的 PPT 各自存在什么问题，排除了这些问题，离好的 PPT 距离就更近了。

下面这张 PPT 最突出的问题是蓝色的背景、红色的标题，颜色的对比度不够，使得标题不醒目。

标题很耀眼，但是标题文字内容却让人感觉模糊，这是颜色对比不当所造成的。

再来看一个样例。下面这张 PPT 的问题是，图片非常醒目，但是配图很难让读者建立和主题的关联。插图和主题关联性不够，没有提升整个页面的可读性，

对传媒的依赖性

- 我们与大众传媒的关系过于密切，难分彼此，难辨真假
- 大众传媒不断迎合和满足人们对于资讯的要求，让人们感觉不到媒介其实是一种异己的力量。

图片非常醒目，但是与内容几乎没有关联，没有提升内容的可读性，反而造成额外的干扰。

反而对读者理解信息带来了一定的干扰。

再来看一个样例。有个专门的形容词来形容下面这张 PPT，叫作"暴力堆积型"，就是堆积了非常多的文字。这些文字通常是从教材或教师自己的论文里直接拷贝过来的，没有经过美化处理，形成暴力堆积型 PPT。大学课堂上这样的 PPT 尤其多。

欧共体经济活动产业分类体系

欧共体经济活动产业分类体系分为五类(18项)。五大类指教育、研究与开发、医疗卫生、其他公众服务、休闲与文化。
具体而言：
教育包括高等教育、中小学教育、职业教育、护理教育
研究与开发
医疗卫生包括医院、诊所、其他医疗机构，牙医、兽医
其他公众服务指社会工作、慈善机构专业组织、雇主协会、工会、宗教组织和学会、旅行社
休闲与文化包括娱乐机构、图书馆、档案馆、动物园、体育组织。

过多的文字堆积是一种教学暴力。

不少教师认为，大学是教授高深知识的地方，高深知识意味着概念多、论证多、推理多，所以 PPT 文字免不了也会多。关于多和少的取舍界限，笔者会在第二章介绍简洁原则时进一步探讨。

以上三张 PPT 都有一个共同的问题——没有做好适当的美化，使得读者难以解读出作者希望传达的信息，PPT 的阅读友好性不够，可读性不强。

·知识链接·

【可读性】

可读性是指作品吸引人的程度，适合于阅读的程度，读物所具有的阅读和欣赏的价值。
可读性的研究是随着西方报业竞争兴起的，其目的在于改进新闻写作，以求扩大发行

量。比较著名的有罗伯特·根宁公式。其标准如下：①句子的形成。句子越单纯，其可读性越强。②迷雾系数（Fog index）。这是指词汇抽象和艰奥难懂的程度。迷雾系数越大，其可读性越弱。③人情味成分。新闻中含人情味成分越多，其可读性越强。随着多媒体的兴起，图像、动画、音频开始更多地辅助文字呈现，增加了材料的可读性。

可读性越强，读者越轻松。

作为多媒体的一种，PPT 应该具有较高的可读性，能够帮助读者抓住关键信息，甚至获得美的享受。本书根据教学 PPT 使用的情境，划分出三个 PPT 制作层次：

第一个层次是言之有物、逻辑清晰。达到这个制作水平的 PPT 已经能够让读者抓住关键信息。

无线信道中的多径衰落

· 多径衰落：
接收机收到的多个子径信号合成的信号，在不同的时间、地点上会时大时小的现象。

· 多径衰落的产生原因：
发射的电波经历了不同路径，导致传播时间和相位均不相同
合成的接收信号幅度在较短时间内急剧变化，产生了衰落

言之有物、逻辑清晰是好的 PPT 的基本要求，它能够帮助读者抓住关键信息。

第二个层次是在第一个层次的基础上，还能做到图文并茂，阅读友好。"图文并茂"是指用配图丰富视觉感受，并且配图与文字相得益彰；"阅读友好"是指 PPT 具有较高的可读性，甚至不需要教师讲授，PPT 自身就能传达出关键点和一些重要信息。

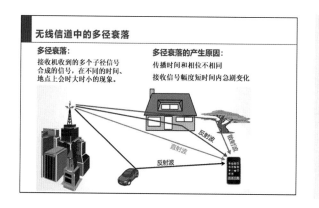

在言之有物、逻辑清晰的基础上，还能做到图文并茂、阅读友好，是好的 PPT 应该达到的第二个层次，精心设计的视觉表现方式让信息更易读，更易被读者把握。

　　第三个层次是在第二个层次的基础上，还能做到细节完美，给读者带来更多美的享受。

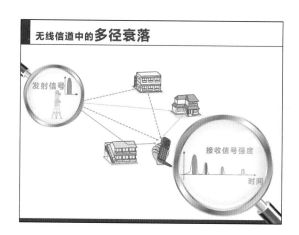

在第二个层次的基础上再做到细节完美，是好的 PPT 的第三个层次，它能够带给读者更多美的享受，能够更直接、更充分地调动读者的视觉和思考，很大程度提升读者的学习体验。

　　对细节完美的追求是无止境的，但每个人的时间和精力都是有限的，可能在人生或职业的重要场合，PPT 才需要尽力达到细节完美。

　　好的 PPT 有三个层次，但并非每个 PPT 作品都要追求细节完美这个层次。在制作 PPT 之前，先要有一个定位，然后在时间和精力允许的范围内尽量做得更好。如果 PPT 用于日常教学，建议做到图文并茂，阅读友好；如果是用于打造精品课程，建议尽可能追求细节完美。

■ 大字型 PPT

PPT 有五种典型风格，包括大字型、全图型、图表型、图解型和文字型。

什么是大字型 PPT 呢？业内将大字型 PPT 风格称为"高桥流"。这个流派有一个典故：日本 Ruby 协会会长高桥征义在 2001 年的一次演讲中，因为恰巧没有幻灯片工具，于是使用了与一般主流幻灯片方式完全不同的方法——用 HTML 制作投影片，并用极快的节奏配上巨大的文字进行演讲，带给听众强烈的视觉冲击。没想到这种临场应对措施大受欢迎，慢慢演变成为一种独特的 PPT 风格。

水中有哪些**金属**元素?

大字型 PPT 给人感觉内容清晰、重点突出。

可能有人会觉得，这种大字型 PPT 更像是时间不够的敷衍做法，但其实大字型 PPT 有它独有的优势。

大字型 PPT 的字非常大，不会出现后排学生看不清的问题；它也不需要太多美工、技巧的投入，能够大大节省制作 PPT 的时间和精力，这一点对于时间总觉得不够用的教师来说非常重要。

大字型 PPT 用关键词把要演讲的内容串联起来，因为每页只有关键词或少量文字，能够很好地突出信息，非常适合陈述式的课堂讲授，尤其是有较强逻辑线索、有鲜明观点、有一定深度的话题的课堂讲授。另外，它也可以用于介绍重点

大字型 PPT 画面简洁，不需要太多美工和技巧投入，节省制作时间和精力。

概念。教师可以通过提炼出关键词，配以深入浅出的演讲，帮助学生形成对关键概念和观点的认知。在课堂小结时，还可以播放大字型 PPT，通过简单的大字、关键词刺激学生思考所学内容彼此之间的关系，起到点题回顾的作用。

　　大字型 PPT 只有文字，所以内容的梳理、关键词的提取是重中之重，也是做好大字型 PPT 的前提。放在 PPT 上的大字是所要讲授的要点，所以最好是内涵丰富、能引发思考的文字。另外，不同的 PPT 页面要合理排序，能够让读者感知到内容的内在线索。

"我以前只知天下，不知世界"

何谓天下？
何谓世界？

张菊生　商务印书馆 书香济世

新文化运动
如何被运动起来的？

大字型 PPT 需要制作者将更多功夫用在提炼概念/观点、编排内容关系上。

确定好关键词和排放顺序以后，就是选择字体，调整字号和颜色。

在字体方面，推荐使用粗黑类型的字体，这样页面不会显得空洞，信息也会更醒目。

字号可以调到足够大，至少占满页面的 1/3，调到满屏也是可以的。

字体的颜色可以根据演讲的主题确定，设置与主题相呼应的配色。

如果还要进一步美化，也可以对文字进行一定的变形，使其更富内涵与美感。

<table>
<tr>
<td>
思考：
改革给人民生活带来了怎样的变化？
（联系家族史与社会发展史）
</td>
<td>
思考：
改革给人民生活带来了怎样的变化？
（联系家族史与社会发展史）
</td>
</tr>
</table>

大字型 PPT 的美化主要是从设定字体、字号和文字颜色三方面进行，使文字更具画面感，给观众带来足够的冲击力。

值得注意的是，最简化的关键词展示，非常考验教师的演讲能力，在这方面有优势的教师可以多考虑使用大字型 PPT，凸显内容组织和演讲的教学魅力。

教师也可以结合情况，只在某些教学环节穿插使用，给课堂带来一些新鲜的元素，活跃课堂氛围。

全图型 PPT

谈到全图型 PPT，就不能不提一个叫加尔·雷纳德的美国人，他写了一本名为《演说之禅》的畅销书，在全球有 17 种译本。这本书的中心思想就是倡导演示媒体遵循简约的风格，加尔也可以说是全图型 PPT 风格的开创者和最具影响力的人物。

全图型 PPT 就是用一张高清的彩色图片占满整个屏幕，只配备少量的文字信息。全图型 PPT 的优势在于充分利用了显示区域，使得视觉刺激最大化。但全图型 PPT 由于显示区域都让给了图片，能够放文字的空间非常有限，能承载的文字信息量较少，这也是它的局限性。

全图型 PPT 常常能制造强烈的视觉感受，成功地吸引观众的注意。

全图型 PPT 可以增强视觉的表现力，增强讲课的感染力，把它用于课堂提问、核心观点呈现等教学活动时，能起到吸引学生注意力的作用。但是，由于全图型 PPT 以图为主，通常不适合用于需要比较多的文字来呈现信息的情况。另外，在学术汇报、课题申报等一些学术和专业性要求较高的场合，也需要根据受众的接受程度慎重选择。

那么，具体该怎么操作才能做出好的全图型 PPT 呢？可以参考下面四个步骤。

步骤一
找到合适的图片

制作全图型 PPT 首先要有一张好的图片，这是构成全图型 PPT 非常核心的一个要素。在选择图片的时候，要选择那些高清、与表达主题相关、具有美感的图片。

高清、与表达主题相关、具有美感的图片是制作全图型 PPT 的关键。

步骤二
对图片进行一定的处理

如有必要，可以对原始的图片进行缩放、裁剪或调整颜色等处理，以使得图片符合 PPT 呈现的需要。具体的操作方法可以参考本书第四章"视觉素材的处理"一节。

步骤三
确定文字呈现区域

对于文字信息，要选择背景图片上颜色变化比较单一的区域优先摆放，这样能尽可能获得高对比度,使文字更清晰。

图片上的文字可以优先摆放在颜色变化比较单一的区域，使得文字能够得到清晰的呈现。

 步骤四

处理文字的视觉效果

也可以对文字使用阴影、轮廓发光等效果，以及通过添加半透明背景文本框等方法，进一步增强文字的可读性。

给图片上的文字加上半透明背景文本框，能够让文字有更好的呈现效果，同时能够增加画面的层次感。

完成了图片和文字的处理后，还要检查一下整个画面是否协调，并进行一些相应的调整。有时候，全图型的视觉刺激可能过于浓烈，也有一些优化的方法来削弱全图型的视觉强度。例如：可以采用与 PPT 页面相同背景颜色的图片，客观上减少图片的视觉面积；也可以通过缩小图片，使之一边或三边离开 PPT 可视区域边界，达到减少视觉强度的目的，这样做还有一个好处，即能够更清晰地呈现文字信息。

和前一张 PPT 相比，后一张 PPT 的图片的视觉强度相对弱，这是因为它缩小了图片所占据的面积。

在全图型 PPT 中，图片与文字要形成互补关系，图片所表达的信息可以丰富文字的内涵，文字也能对图片起到点睛作用。全图型 PPT 的制作非常需要想象力，在选择图片的时候可以打开思路，一些巧妙的配图能够给老话题注入新生机，给人带来耳目一新的感觉，给课堂带来新的活力。

■ 图表型 PPT

图表是我们在制作 PPT 时用来呈现数据、变化趋势以及分析数据背后所传递信息的图示化工具，在高校的教学中经常会使用到，能够体现出知识的专业性。用好图表型 PPT 可以更好地帮助学生理解知识，给日常教学增添色彩。

PPT 提供的图表多达十几类，除去常用的柱形图、条形图、折线图、饼图、面积图之外，还有散点图、股价图、曲面图、雷达图、树状图、旭日图、直方图、箱型图、瀑布图、组合图等多种图表。选择合适的图表来呈现数据非常重要。

一般情况下，不同的图表适用于不同的数据表达需要：

（1）当需要使用数据来表示一些趋势时，适合使用折线图。

（2）当需要展示一个事物中各种元素所占的比例时，饼图最适合。

（3）当需要对不同的要素进行对比时，使用柱状图最为合适。

（4）当需要展示一个事物多个属性之间的强弱对比关系时，使用雷达图比较合适。

（5）当需要展示数据随时间推移的变化趋势时，可以使用折线图，也可以使用面积图。

（6）当需要比较跨类别的聚合数据，尤其是绘制多变量数据时，散点图比较适合。

（7）当需要在了解总体的基础上，对比组成总体的要素时，使用瀑布图比较合适。它将水平展示和垂直对比的优势相结合，可以很直观地展示整体与局部的关系。

（8）当组成总体的元素层级多、要素多时，可以考虑旭日图，它可以将图表的逐层元素进行逐层分解。

图表类型很多，适用范围很广，需要结合具体情况达成最优选择。

比如，虽然所有的组成数据合成了 100%，但如果数据的重点是用来表示哪个因素影响更大一点，为了便于比较，我们应该使用条形图而非饼图。因为条形图从视觉上更方便对数据的大小进行比较，而饼图则更多适合于用来表示局部占整体的百分比。

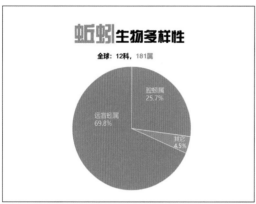 

虽然是展示同样的数据，但饼图侧重于展示组成要素，柱形图侧重于在要素之间进行比较。

再如，虽然都可以实现多个要素的比较，但是使用雷达图就比传统的条形图更具视觉冲击力，能给单调的数据增色不少。

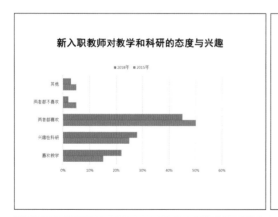 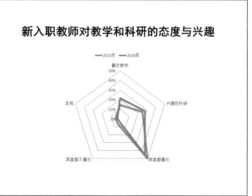

虽然都可以用作比较，但和柱形图相比，雷达图在展示同一事物多个属性之间的强弱对比关系时，更具整体性，视觉效果更好。

有时候，图表结合其他图形，能够将数据分析的维度增加一个层次。例如，可以结合地图表明各地区的数据统计分析情况，还可以根据数据特点选择不同图表组合来表达数据信息。

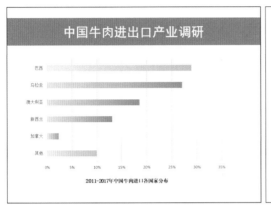

结合地图呈现数据，可以让数据的展示更直观，同时可以带来更多的潜在信息，便于对数据进行进一步的思考和探讨。

本书根据 PPT 的表达重点，整理了不同类型关系适用的不同类型的图表，当然这个并不是绝对的，制作者需要结合数据特点以及传达信息的重点进行选择，只有选对了图表，才能真正提升可读性。

表达关系	适用图表
构成比例	柱形图、饼图、条形图、瀑布图
要素及数据比较	柱形图、折线图、条形图、雷达图、瀑布图
数据分布	面积图、散点图
变量相关	柱形图、条形图、折线图、散点图、曲面图
发展趋势	折线图、散点图、组合图

一般情况，图表包含以下几个要素：主标题、计量单位、数据来源、图表、

图表说明。 PPT 的美化主要就针对这几个要素进行。

主标题说明图表的整体内容，没有主标题，读者可能就会失去阅读的焦点。

图表可以自带计量单位，有时候为了减轻视觉压力，使图表更简洁美观，可以把计量单位单独提取出来。

数据来源可以表明数据的时效性和真实性，能够表现教学的严谨性和专业性。

图表则是制作 PPT 时所选择的条形图、饼图或雷达图等。

有时候还需要使用图表说明，用文字来帮助读者正确地解读图表。

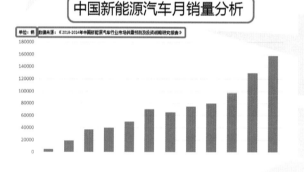

图表型 PPT 的美化概括起来就是： 突出重点信息，也就是突出图表的要素信息，通过调整线条、形状、颜色等，使得各种图表要素的呈现互相呼应，形成一定的层次感和美感。

比如，如果需要重点突出标题和图表说明，则可以加粗加大标题字体，同时使用与标题字体同色的背景色块对图表说明进行突出，这样在视觉效果上，两者不但得到了突出，而且看上去互相呼应。

如果需要突出图表中的某一条数据，则可以通过设定醒目的颜色来突出。也可以使用一些形象的小图来代替单调的柱状图，使得图表更生动。

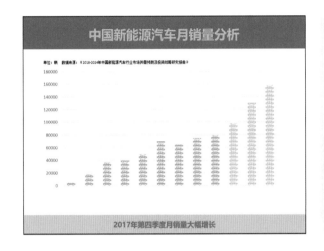

图表标题和图表说明都用加粗加大的字体进行了强调。

第四季度的数据用亮眼的黄色进行了强调。

汽车销量的柱形图变成小汽车填充的柱形图，数据更形象生动。

亮眼的黄色引导视线在重要的信息上形成回路。

相对于文字而言，数字、图表更具视觉冲击力，而且图表的使用可以大大提升阅读和捕获信息的效率。美化图表型PPT需要使美化后的数字、图表更具视觉冲击力，并且使得关键信息得到更好的强调和突出，大大提升素材的可读性。

图解型 PPT

在高校教学 PPT 中，图解型 PPT 比较多见，通常由图表或图形配合一定的文字，以表示不同概念之间的逻辑关系、系统的结构、理论模型等。图解型 PPT 还可以用来美化大段的文字素材，想要做到图文并茂，不妨尝试对文字信息进行图解。

经过图解的文字具有了部分图片的属性，对读者来说阅读更友好。

图解型 PPT 融合了图形与文字，既有视觉化的表达，又有一定的文字信息，能够承载较大的信息量，但是因为 PPT 页面有限，文字需要简洁、精炼，阅读者可能无法仅仅依靠 PPT 解读出要传达的信息，需要教师在课堂教学中对 PPT 进行比较深入的讲解，以帮助学生更好地理解要传达的信息。

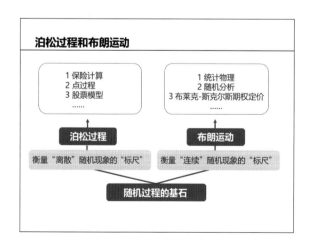

图解型 PPT 融合了图形与文字，文字的表达会有所削弱，要达到好的表达效果，需要演讲者进行深入讲解。

PPT 提供了很好的图解工具 Smartart，可以用来表达各种关系。

早期的 Smartart 功能不够强大，制作者在使用的时候，常常无法专注于内容，而是要花费大量时间调整形状大小、适当对齐；使文字正确显示；手动设置形状的格式以符合文档的总体样式等。现在的 Smartart 做到了形式与内容分离，使用的时候可以根据文字内容随意套用不同的模板，在编辑的过程中还可以根据情况随意修改选用的模板，不用担心内容增减要花费大量的时间精力来修改图形。 Smartart 的这一特性大大提高了图解的合用性和使用效率。

那么，我们可以如何使用 Smartart 快速高效地制作图解型 PPT 呢？这里介绍 Smartart 适用的几种常用场景。

首先， Smartart 可以快速生成美观的组织结构图，这一功能可以方便地实现课程内容的图解。在介绍课程内容时，常常会用 PPT 罗列概念或知识点，通过将文字转化为 Smartart，可以方便、轻松地让 PPT 变得更美。

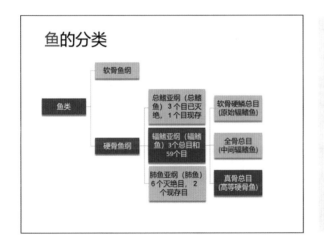

Smartart 中的组织结构图可以用来表达课程的内容结构或概念结构。

这个方法同样也适用于 PPT 的目录页。

针对具体的学科教学内容，可以分析文字之间的关系，选用合适的 Smartart 图形，将大段的文字转化为简单的逻辑关系图，使得信息更加简洁易懂，提升可读性。

PPT 的目录页可以直接使用 Smartart 中的组织结构图进行美化。

可以分析大段文字之间的逻辑关系，结合恰当的图形进行表达，使得信息更易读。

　　很多时候，可能找不到完全适用于内容的 Smartart 图形，那么我们也不需要费时费力地一个一个图形去绘制，只需要拆解开 Smartart 的图形，保留自己想要的图形进行编辑，把 Smartart 当成丰富的形状库来使用。

　　在插入图片的基础上，插入 Smartart 图形，把 Smartart 转换为图形，经过编辑得到自己想要的图形之后，再把图形的格式设置成图片或纹理填充，就能得到非常富有设计感的 PPT 页面。

拆解 Smarart 图形，能够方便地得到多种形状，可以在美化 PPT 的过程中方便地使用这些形状编辑自己想要的效果。

Smartart 在美化 PPT 上非常有潜力可挖，我们可以在它的基础上编辑制作富有个性的素材，有兴趣的读者可以进一步发掘它的美化用途。

图解型 PPT 结合了图形和文字，合适的图形、精炼的文字，便于读者抓取重点信息，结合图文理解信息。 Smartart 是制作图解型 PPT 的高效工具，用好 Smartart，能让图解型的 PPT 制作事半功倍。

文字型 PPT

很多时候，PPT 不得已必须要放很多的文字，比如条件不允许使用讲义、复印文件等分发材料，只能使用 PPT 来承载大量的文字内容。这种以文字为主，文字较多的 PPT 可以称为文字型 PPT。文字型 PPT 的好处是，信息能够得到比较充分的呈现，但是满篇的文字容易引起视觉疲劳和心理乏味，未必能达到教学的初衷。

文字型 PPT 制作首先要在文字上下功夫，提升文字的可读性。要尽量使用简洁的语句，尽量使用易于理解的词句，表达还要尽量能够使读者关联到个人经验。然后，再通过突出重点，区分视觉层次，使文字内容所表达的信息得到不同程度的表现，使得 PPT 更具可读性与美感。

如果完全不设计，文字型 PPT 看上去就会和 word 文档一样，满屏的文字，看不到重点。对于文字型 PPT，可以从下面几个方面进行美化：

(1) 强调标题或内容的关键词，帮助读者抓住关键信息。

(2) 形成不同的段落，设置不同的行距，区分内容的不同层次，突出重点内容，弱化次重要内容。

(3) 对内容进行分栏、分块显示，增强不同内容的区分度。

(4) 使用项目符号、虚线、表格，使用 PPT 自带的 Smartart 工具等，使得内容的区分度与关联性更明显。

对内容的重点、层次与关系进行梳理，能增加文字型 PPT 的可读性，帮助减轻阅读压力，保持读者的注意力。

确定了文字的重点、层次与关系后，还可以通过增加色彩、增加关联配图来提升整体的美感。例如，通过调整字体大小和颜色，使用背景色块，使得视觉层次更丰富；通过增加关联配图，使得页面图文并茂，增加页面的整体美感。

文字型 PPT 需要充分发挥信息承载量的优势，并尽量通过突出重点、区分内容层次与关系，帮助读者一眼就抓住重点，帮助读者理解文字内容。

二、非讼监督制度

- 非讼监督制度，是指国家权力机关和行政机关根据《立法法》等的规定，对行政立法进行监督的制度。
- 1.裁决制度。
- 2.改变或撤销制度。
- 3.备案和审查制度。

二 非讼监督制度

非讼监督制度，是指国家权力机关和行政机关根据《立法法》等的规定，对行政立法进行监督的制度。

1 裁决制度

2 改变或撤销制度

3 备案和审查制度

和前一张 PPT 相比，后一张 PPT 强调了核心概念，不仅通过标题进行强调，在正文中也通过加粗字体进行强调。

同时，后一张 PPT 通过虚线进行分栏，区分了上下两段文字；通过拉大行距，使得重点内容占据更大区域，信息显得更突出。

SMZ—140体视镜使用简介

1. 将放大倍数旋转至最小放大倍数，在载物台上放置培养皿，取一根头发放到其中。
2. 打开光源，调节目镜瞳距及视度补偿使双目图像完全重合，调节焦距螺旋至图像清晰，低倍下观察材料。
3. 将需要进一步放大观察的部位移到视野中心，调节放大倍数旋旋至所需倍数，调节焦距螺旋至图像清晰，观察材料，进行绘图。
4. 使用完毕后，取下放在载物台上的培养皿或载玻片，关闭光源，罩上防尘罩。

SMZ—140体视镜使用简介

1 将放大倍数旋旋至最小放大倍数，在载物台上放置培养皿，取一根头发放到其中。

2 打开光源，调节目镜瞳距及视度补偿使双目 像完全重合，调节焦距螺旋至图像清晰，低倍下观察材料。

3 将需要进一步放大观察的部位移到视野中心，调节放大倍数旋旋至所需倍数，调节焦距螺旋至图像清晰，观察材料，进行绘图。

4 使用完毕后，取下放在载物台上的培养皿或载玻片，关闭光源，罩上防尘罩。

和前一张 PPT 相比，后一张 PPT 增加了关联配图和序号的背景色，使得画面更加富有色彩，提升了美感。

同时，后一张 PPT 加大了标题，拉升了段落间距，使得信息的层次更清晰。虽然后一张 PPT 最后的字体变小了，但只要不影响阅读，总体效果仍然得到了提升。

2

第二章
内容优先原则

本章主要讲解内容优先原则和内容完整原则。内容优先，就是摆正教学与媒体的主次位置，就是强调 PPT 是承载内容的工具，任何美化都应以提升内容表现为前提。

对教学内容的把握和掌控，是教师在制作 PPT 之外需要修炼的内功，而能够将其游刃有余地应用于 PPT 的设计，则需要更多了解叙事的逻辑和教学的艺术。

内容为王

PPT 是形式更重要还是所承载的内容更重要？这个问题上升到哲学的角度，就是事物的形式更重要还是内容更重要？在教学 PPT 的制作上，内容是指我们的教学内容，我们要达成的教学初衷或目的，形式则是 PPT 这种教学手段和表现方式。当 PPT 这种形式适合教学内容，能够帮助达成教学目的时，它就能发挥有力的教学促进作用；反之，就会起阻碍作用。

很多时候，我们倾向于强调内容比形式重要，那是因为很多时候，在完成一些事情的过程中，难免注重了形式，忘记了初衷，但是脱离内容的形式是难以达成目的的，所以 PPT 美化的第一原则，就是内容优先原则。

为了更好地了解这一原则，可以先简单了解一下教学内容的传播形式，即 PPT 所在的教学媒体大家族的发展简史。

📚 · 知识链接 ·

【教学媒体的演变】

教学媒体的发展经历了语言媒体、文字媒体、印刷媒体、电子传播媒体四个阶段，语言的产生，部落的发展，出现了专职教师的教育方式；文字和纸的发明使得文字媒体可以将信息长久保存并广泛流传；印刷媒体引进教育领域后，教科书成为学校教育的重要媒体；在电子技术新成果基础上发展起来的电子传播媒体，大大增进了信息的传播能力和效率。

不同的媒体并非是先进取代后进的关系，它们都可以再现、扩散信息，但是在表现力、交互性、传播效率等方面存在差异，根据教学的目的，选用恰当的教学媒体，才能更好地发挥教学的效用。

不同的媒体都可以再现、扩散信息，要根据对表现力、交互性、传播效率等方面的需求，选择不同的教学媒体或教学媒体组合。

PPT 是电子传播媒体的一种，它可以承载和表现教学内容，传递教学信息。

对于教学 PPT 来说，不同的呈现方式可以表现同样的教学内容，引发不同的教学活动，给学生带来不同的学习体验。

　　下面有三个样例，它们从不同的角度呈现了同样的教学问题：毕业时，学生应该具备哪些能力？相应的，它们也会达成不同的表达效果。

　　第一张 PPT 用全图型的呈现方式冲击受众眼球，调动听众情绪。

全图型的呈现方式适于用来刺激观众情绪，调动观众注意。

　　第二张 PPT 用图表型的呈现方式传达出大量的信息，并对关键信息进行强调，增强了信息沟通的效率。

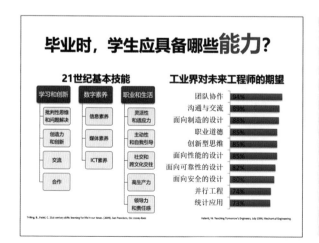

图表型的呈现方式可以传达出大量的信息，增强信息沟通的效率。

第三张 PPT 用文字型的呈现方式，层次分明地引导活动规则，维护课堂秩序。

练习1 确定基本技能

步骤1
- **当学生从学校毕业后，他们必须知道什么、会做什么，才能胜任21世纪的工作?**
- 请在小组中讨论各自的观点，并将答案记录下来。

步骤2
- 按照要求，和全班分享你们小组罗列出来的基本技能。

文字型的呈现方式可以引导活动规则，维护课堂秩序。

这三张 PPT 的呈现形式各不相同，但是都和内容结合得非常紧密，与教师的教学活动紧密相关，可反映教师的教学活动设计和教学目的， PPT 成了教师实施教学的有力工具。

借用美国高等教育领域著名的教育家、哈佛大学物理与应用物理系埃里克·马祖尔教授的一句话， "Not technology, but pedagogy matters"， 也就是说，真正能促进学习的是技术所体现出来的教学理念，而不是单纯的技术本身，形式与内容合一才能很好地释放教育给人带来的强大影响力。

总而言之，一堂课是否精彩，关键在于教师，关键在于教学活动的设计。而教学 PPT 是教师非常重要的教学工具，只有能够真正推动教学活动深入开展的PPT，才是好的教学 PPT。

吸引注意

在授课中，老师常常会提醒学生："注意力要集中""注意听讲，接下来的内容很重要"。但是，我们有没有想过，究竟什么是"注意"？为何学生注意力会不集中？如何提高学生的注意力呢？如何用好教学 PPT 有效吸引学生的注意？

· 知识链接 ·

【注意】

　　注意是人的感觉（视觉、听觉、味觉）和知觉等同时选择指向和集中于一定的对象。
　　由于感官接收信息的能力有限，所以人们会根据自己的兴趣和关注点，选择个别、部分对象，放弃其他对象，并且聚焦于所选择的对象，展开记忆、思维、想象等心理活动。注意是一种意向活动，它不能直接反映客观事物的特点和规律，但它在各种认知活动中起主导作用。由于注意，人们才能集中精力去清晰地感知一定的事物，深入地思考一定的问题。

要发挥注意的作用，就是协同人的各种感觉针对同一个对象开展工作。对于教学 PPT，可以着重设计视觉刺激来引起注意。

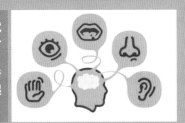

人们不需要花费太多精力和意志就可以发现、关注到某些事情，而有些事情却不是如此，人们需要付出精力才能维持住注意力，这就是无意注意和有意注意的区别。在学习中，我们更需要调动学生的有意注意，深度促进学生的认知发展。

通常情况下，人们会关注异常情况，会关注特别提示需要注意的情况。所以教学 PPT 可以创造异常情况，通过视听刺激、认知陷阱引起学生的注意；也可以提供明确的提示，促进学生调动注意的能量，更有效地开展认知活动。

　　强度大的、对比鲜明的、突然出现的、变化运动的、新颖的刺激以及学生感兴趣的、觉得有价值的刺激容易引起无意注意。因此，大字型的 PPT、全图型的 PPT、动画设计效果强大的 PPT、挑战学生认知的 PPT 都能够迅速调动起学生的注意。教师可以用这样的 PPT 来提问，或者营造所需要的课堂情境。

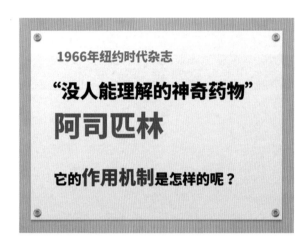

这张 PPT 用大字给学生以视觉刺激，用问题给学生以认知挑战，能够迅速调动学生的注意和兴趣。

　　在课程学习中，有意注意是学生更宝贵的精力资源。有意注意是由目的、任务来决定的，目的越明确、越具体，学生对完成目的、任务的意义理解越深刻，完成任务的愿望越强烈，就越能引起和保持有意注意。在教学的过程中设计一定的任务与练习，结合 PPT 的形式进行呈现，有助于帮助维持学生的有意注意。

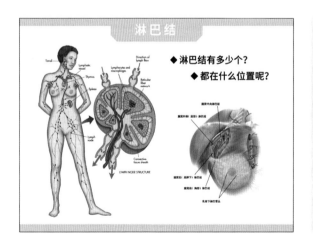

这张 PPT 描述了具体的问题与任务，能够帮助学生按照任务要求，投入具体的学习活动。

　　在教学过程中，教师可以使用教学 PPT 营造一个能让学生专心于学习对象的环境，帮助学生把意念集中于学习目标，完成学习任务，从而取得好的学习效果。

■ 强调关键信息

学生的认知水平和认知能力是如何得到提升的呢？给学生输入大量的信息，促进、帮助学生不断针对信息展开思维训练，就是通过教学来提升认知水平和认知能力的主要方法。而人们接收信息的渠道其实非常多，戴尔的经验之塔总结了人们获得知识的途径，教学 PPT 也是其中的一种。

📚 · 知识链接 ·

【经验之塔】

戴尔认为，人类主要通过两个途径来获得知识，一是经由自身的直接经验获得，二是通过间接经验获得。他提出"经验之塔"理论，把人类学习的经验依据抽象程度分成三类十个层次。经验之塔的底部是做的经验，称为实物直观；塔尖是抽象经验，称为语言直观；塔的中部是观察的经验，称为模象直观。

实物直观不容易突出客观事物的本质特征，容易把学生的注意引向事物的非本质方面，并常受时间和空间的限制。而语言直观反映的事物的鲜明性和可靠性都不如知觉，因此弃二者之短的模象直观就有了重要意义。借助模象直观开展的学习，学生所获得的经验既容易转向抽象概念化，也容易转向具体实际化，能够帮助学生提升认知水平和认知能力，转化实践技能。

戴尔经验之塔

- 抽象的经验（语言直观）：语言符号、视觉信息
- 观察的经验（模象直观）：广播、电影、电视等；参观、见习、旅行；观察示范
- 做的经验（实物直观）：参与表演活动；设计的经验；有目的的直接经验

按照戴尔的经验之塔，人们通过亲身参与，观察他人的经验，以及倾听或阅读来获得经验。教学 PPT 主要通过呈现观察的经验，促进学生发展抽象经验和实践经验。

教学 PPT 可以是语言直观，也可以是模象直观，使用教学 PPT 可以提升信息传递的效率，可以把学生的注意引向事物的本质方面，帮助学生更有效地开展认知活动。

通过教学 PPT 强调关键信息，其本质就是引导视觉和思维的焦点。视觉焦点的引导相对容易；而引导思维的焦点则需要教师自己首先对教学材料进行更深层

次的加工，以符合学生认知规律的形式，把握好信息呈现的程度与节奏，通过教学 PPT 来辅助教学过程，引导学生的认知发展。

现代社会是知识的社会，获得知识的渠道非常多，对于一门课程来说，学生更多面临学习选择的问题，他们需要了解为什么需要学习这门课程，这门课程的学习对他们来说有什么意义。这是课程需要传达给学生的关键信息。

教学 PPT 可以通过罗列学习的目标、内容大纲，帮助学生获得这些关键信息，帮助学生明确他们的选择，以及选择可能带来的结果。一门课程如果直接从知识点开始教学，不介绍关于学习内容选择的关键信息，学生很可能会在学习中迷失方向。

《大学生生涯发展与就业指导》　**课程目标**

1　认识自我并探秘职业世界

2　了解生涯决策与生涯规划

3　挖掘自身职业发展能力

4　掌握职业发展管理方法

5　求职准备与就业指导

在教学 PPT 中列明学习目标，可以调动学生的学习获得感，增强其学习动机。

课程大纲

01　货币
1. 了解货币的发展
2. 认识人民币与各种外币
3. 平衡财富与幸福的关系

03　零花钱
1. 如何管理零花钱
2. 家庭责任、职业与收入
3. 零花钱规划-四罐储蓄法

02　银行与储蓄
1. 了解各大银行
2. 存折/借记卡/信用卡是什么
3. 绘制个人储蓄计划

04　消费
1. 商品的价值与价格
2. 合理/冲动/攀比消费
3. 制定家庭消费计划表

在教学 PPT 中列出内容大纲，可以帮助学生建立学习对个人的价值和意义。

针对具体的教学内容，教学 PPT 可以对教学信息进行深层次的加工，揭示信息间存在的逻辑关系，对信息进行整理、提炼，使信息更系统、更聚焦，突出教学中的关键信息，并且在承载教学内容的所有 PPT 中，通过重复、螺旋上升的方式，帮助学生逐渐加深对信息的感知，在不同学习阶段不断感受到达成学习目的的情况，最终取得预期的学习成果。

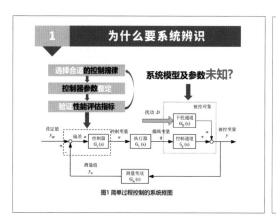

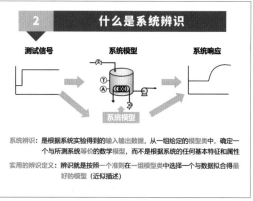

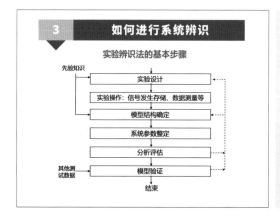

教学 PPT 可以通过设计重复的呈现方式，促进重复、螺旋上升的学习过程，帮助学生由浅入深开展学习，取得预期的学习成果。

对于具体的 PPT 页面，一个元素之所以看起来是主要的，就是因为有其他元素的衬托。突出关键信息就是要使其成为视觉的重点，可以使用多种操作方法来实现，如调整尺寸对比、调整色调对比、引入辅助图形等都是有效方法。

　　通过精心的设计，教学 PPT 可以更好地引导学生关注视觉和思维的焦点，达成更好的教学效果。视觉焦点的引导相对容易，而思维焦点的引导则需要教师对教学进行不断投入和积累，对教学方法进行不懈的探索。只有更好地把握好教学，才能更好地用好教学 PPT。

引导课堂秩序

开始这个话题之前，先看下面这张实验室的照片。在大学里，几乎每个实验室里都张贴了安全须知。为什么学生接受了实验室安全教育和培训，还要在实验室里张贴安全须知呢？这样的安全须知能起什么作用呢？

在实验室张贴安全须知并非多余。对每个做实验的同学来说，这样的安全须知可以时时提醒他们，并且帮助他们在关键步骤上参考须知信息，做出合乎规范的操作。

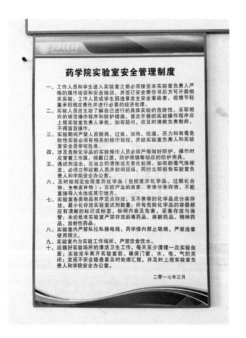

张贴的信息可以随时唤起观众注意，提供行为指引。

课堂教学中也有类似情况。很多时候，学生需要按照自己的节奏去主动完成一些学习活动，比如小组讨论活动。这时，可以通过教学 PPT 来重现信息，明确活动要点，有效引导学习秩序，避免部分学生因为没有听清楚、精神分散等原因，不清楚任务要求，或者是在讨论的过程中对任务的理解出现分歧。

练习1 确定基本技能

步骤1
- 当学生从学校毕业后，他们必须知道什么、会做什么，才能胜任21世纪的工作？
- 请在小组中讨论各自的观点，并将答案记录下来。

步骤2
- 按照要求，和全班分享你们小组罗列出来的基本技能。

通过教学 PPT 随时唤起注意，提供学习行为指引。

除了小组讨论，课堂上还有很多学生自主学习的形式，如探究式、发现式的学习，有时还会要求学生完成综合性的学习任务或作品，这时我们更多需要借助教学 PPT 营造情境，提供资源，为学生的主动学习提供支持和方向指引。

·知识链接·

【自主学习】

自主学习本质上是学生自我探索、选择、建构知识的过程，需要学习者自己制定学习目标，自己开展学习活动，自己监控学习过程，并对学习结果进行评估。

在自主学习的情况下，学生聚焦于自己的学习任务，有更多的主动权和自治权，但同时也面临更多的困难和问题。这个时候，教学需要补足他们制定学习目标的能力，补足他们设计学习活动的能力，补足他们缺乏的资源，或者是资源的线索的短板，使他们能够获得学习的资源，并且以自己的步调完成既定的学习过程，取得学习的成果。

对于自主学习者，可能很容易在面对困难和问题的时候轻易放弃，这时教学 PPT 需要更多为他们提供学习指引，包括帮助其制定学习目标，提供学习活动选择或指引，提供资源或资源线索，为自主学习者搭建更顺畅的学习通道。

在这个过程中，教师需要预估学生在主动学习中可能会面临的困难，配合使用口头讲授、书面讲义以及教学 PPT，帮助学生明确学习任务、任务目标、达成目标的方法和步骤，并提供必要的学习资源指引。

教学 PPT 可以通过描述学习任务与学习目的，描述主动学习程序的步骤，对重点学习步骤进行解读和强调，帮助学生获得更明确的任务指引和步骤指引。

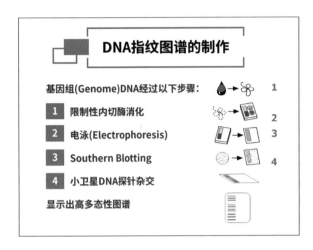

教学 PPT 可以列明学习任务的细化项目，为自主学习提供流程和步骤指引。

教学 PPT 还可以提供一定资源的指引，帮助学生明确资源的获得路径和具体用途，提升学习效率。

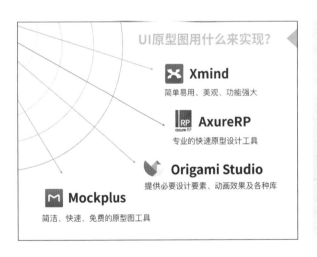

教学 PPT 可以列出学生可能需要用到的工具或资源，为自主学习提供路径指引。

教学 PPT 还可以提供一定的参考信息，帮助学生监控自己的学习，反思自己达成学习目标的情况。

教学 PPT 可以列出学习成果的考核标准，为自主学习提供成果监控的参考信息。

通过精心的设计，教学 PPT 可以更好地引导学生开展自主学习，使得知识储备与能力储备不足的学生，能够按照比较高效的方法和步骤开展学习活动，而不是在复杂的学习任务前感到困惑、犹豫，失去行动的方向。

应用叙事逻辑优化演讲

看看下面这段介绍 MOOC 的素材，假设你要给学生讲授这段教学材料，你会采取怎样的演讲顺序？

在教学中，平铺直叙的叙事顺序很常见，但可能缺乏足够的感染力和说服力。

很多人可能会选择先讲第一条信息。不管什么主题，先抛出定义，这是大学教学中常用的一种套路。

这种套路当然没有错，但是可能让人感觉比较平淡。那么，怎样才能让演讲更具力量呢？简单地改变叙事的逻辑，就可以让演讲更具感染力和说服力。

这里介绍著名的黄金圈法则，只要按照黄金圈法则来改变叙事逻辑，就可以让演讲更具力量。

· 知识链接 ·

【黄金圈法则】

黄金圈法则是美国畅销书作者西蒙·斯涅克提出的。他发现，大众思维一般都是从外向内思考，先从 What —— 做什么开始，然后是 How —— 如何做，最后才问 Why —— 为什么要做。而伟大领袖的思维方式往往由内而外，从为什么要做开始，然后是如何做，最后才是做什么。这一思维方式有坚实的大脑生物学基础，能对人产生强大的感召力，促进人的内生力量，并转换为决策和行动。

　　符合黄金圈法则的思维方式直指问题的核心，能帮助人们始终明确自己行为的意义和价值，在广泛的领域被用来改变人们的思考方式，影响人们的决策和行动。

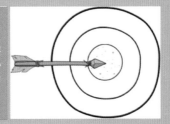

由内而外的"Why—What—How"的表述方式更具直击核心的力量，更具感染力和说服力。

　　黄金圈法则引申到教学，就是教学也要先从为什么出发，要先考虑学生为什么要学习知识，学习的终极价值是什么，学以致用体现在何处，然后再考虑学生如何获得并应用知识，最后才是知识是什么以及如何呈现知识。

　　黄金圈法则讲究把 Why 放在最前面，Why 就是学习的初心：学习的目的是什么？学习的动机是什么？学习的信仰是什么？明确了 Why，就能帮助学生建立和个人原有经验的关联，使知识学习活动富有意义和价值。

　　How 则是获得知识或应用知识的过程与方法，What 就是抽象的知识，在教学中不要在一开始就出现，以免让学生迷失学习的目的和路径，它的呈现应该是更后位的。

　　让我们用黄金圈法则再来分析一下前面的素材。

　　这三段话正好对应了黄金圈法则的 What，即 MOOC 是什么；Why，即 MOOC 的价值，为什么要做 MOOC；和 How，即 MOOC 是如何实现的。第二条信息点明了 MOOC 的价值，也是关联到每个人、每个学习者的价值，能够激发学习者的意义感和价值感。MOOC 是什么和 MOOC 是如何实现的，这两条信息则不具有这样直击核心的力量。所以，先说 MOOC 的价值能够迅速让学习者建立起信息和个人的关联，激发起学习的动机，而如果这条信息淹没在其他信息之中，力量就会被大大削弱。

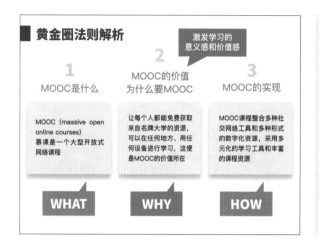

"Why"是最能关联到个人价值判断的信息。

对于普通受众，第二条信息是"Why"，而对于 MOOC 的从业人员来说，第三条信息可能最接近"Why"。

通过这个例子，我们可以看到，虽然不同的叙事逻辑都可以说明一件事情，但符合黄金圈法则的叙事逻辑能够在最开始的时候就启动关联机制，触动学习者的个人经验，触发后续的学习行动。

黄金圈法则叙事逻辑的要点正是，通过先说 Why（为什么）的叙事力量，激发学生内生的学习动机，采取并保持学习行动。

使用目录和导航

在 PPT 中添加目录和导航，可以帮助明确教学的框架和结构，引导主题的切换。

一些教学 PPT 的目录和导航不够充分，如果教学内容简单，一般不会有问题，几页 PPT 就过去了。但当知识内容复杂， PPT 页数很多时，很容易导致不知道讲到哪里了，教师和学生要花不少时间和精力去找回主题，连接线索，大大降低教学效率。

此外，教学内容彼此之间的关系，以及教学内容的整体框架不但需要教师把握，它们也是学生所关心的。清晰地呈现它们，能够帮助学生更好地形成学习动机，把握知识的整体框架。

利用 PPT 的目录和导航功能，能够使教学整体框架更加清晰，能够帮助学生更好地把握当前的学习主题。下面来介绍一些常用的方法和技巧。

针对课程的内容，可以设置课程目录导航，这一点在前面"强调关键信息"一节中已经提到过。

在目录导航中，保留原有目录结构，突出呈现当前目录主题，可以唤起观众的注意和记忆。

另外，对于具体的教学主题，还可以设置主题切换导航。主题切换导航一般有两种呈现方式，它们能够不同程度唤起学生对讲授结构和已讲授内容的记忆，在教学中发挥承上启下的过渡作用。

一种导航是使用原有的目录结构和内容，但重点突出当前的目录主题。可以通过加大、变色当前主题文字，虚化其他并列元素来实现。

另一种导航是省略原有的目录结构和内容，沿用原有目录风格，保留序号等体现叙事结构的元素，并突出当前目录主题。

壹　漢字的起源

貳　漢字的演變

叁　演變的意義

壹　漢字的起源

在目录导航中，省去原有目录结构，沿用原有目录风格，突出当前目录主题，同样能唤起注意和记忆。

导航能够帮助学生更清晰地感知到内容结构和脉络。同时，要帮助学生了解具体的教学主题和叙述结构，除了选择合适的导航形式，对目标标题进行精炼也非常重要。

目录用语要简洁，最好控制在单行的长度，让学生一眼就能明了。同时，目录页要控制每一项表述的字数差异，保持目录文字在形式和内容上的整齐。如果不能做到完美，至少保持目录分项行数一致，不会造成视觉上的突兀感，然后再使用图标、线条、色块、图片等来美化目录。

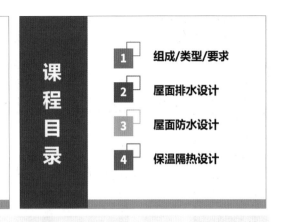

简洁的目录用语带来更聚焦的信息传达效果，整齐的目录结构能给读者带来更舒适的视觉体验。

很多时候，即使你已经精心规划和制作了目录导航，在实际的教学中，可能还会需要面对具体的情况做出调整，脱离原定的轨迹。例如：准备好的知识学生已经学习过了；时间已经来不及深入展开某个话题了；需要回顾之前讲过的一些内容来帮助学生理解当前的内容；等等。这个时候可以利用"演示者视图"，在幻灯片放映选项卡中，勾选"使用演示者视图"，帮助我们更好地把握或调整教学步调。

在"演示者视图"下放映时，听众在大屏幕上看到的是全屏放映的幻灯片，演讲者则可以使用幻灯片预览查看所有PPT，精准选择想要跳转的PPT页面，方便地实现教学内容的切换，使得媒体播放能够更完美地契合演讲的节奏。值得注意的是，演示者视图需要计算机硬件具备双显卡（手提电脑一般都是双显卡）。

这个功能还有一个好处是，当教师需要多个版本的教学PPT用于不同教学对象的时候，可以通过使用"隐藏幻灯片"的功能，把微调的不同PPT版本统一在一个文件中，再根据不同的授课对象，通过"演示者视图"实现一键调用。

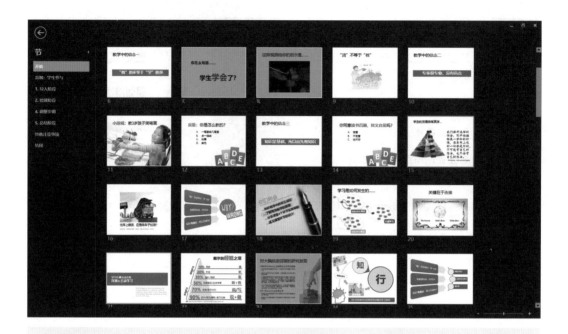

在"演示者视图"下放映时，听众在大屏幕上看到的是全屏放映的幻灯片，演讲者则可以使用幻灯片预览查看所有 PPT，精准选择想要跳转的 PPT 页面，方便地实现教学内容的切换，使得媒体播放能够更完美地契合演讲的节奏。

用好 PPT 的目录和导航功能，可以提醒教师，哪些东西可以讲，现在讲到哪了，还可以讲什么；同时也可以附带提醒学生，帮助他们推测哪部分需要深入听讲，哪些可以稍作了解。

使用 PPT 提升教学互动的策略

　　在使用 PPT 教学时，如何获得学生的反馈是一个难题。有时候老师希望某张特定的 PPT 放映出来时，能够了解学生此时的想法和意见，或者是促使他们参与这个话题的讨论。这个时候，可以使用 PPT 的一些特定功能，或者应用加载项，更好地支持课堂互动，更高效地实现信息的传递和反馈。

策略一

实时收集学生反馈

　　用好 PPT 支持课堂教学互动的第一个策略是实时收集学生反馈。学生是否掌握了某个概念，是否能够使用所学的知识解决特定的问题？通常老师会通过课堂提问、课上练习或课后练习来了解情况，但当学生人数非常多的时候，提问和课上练习可能就会显得效率非常低下，而配合投票器使用教学 PPT，能够大大提高课堂反馈的效率。

投票器最大的价值在于?

A. 增进学生参与
B. 方便打平时成绩
C. 记录考勤
D. 及时了解学习情况

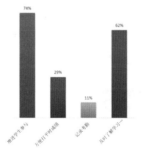

> 配合投票器使用教学 PPT，能够精确把握学生的答题情况。

　　第三方机构开发的各种投票程序能够很好地嵌入教学 PPT，结合智能终端使用，不仅能支持选择题答题结果的实时统计与反馈，还可以支持文字反馈信息的实时收集，能够大大增强学生的课堂参与感，增加教师对学生学习情况的把握。

当软硬件条件不足以支持的时候，教学 PPT 也可以结合比较原始的手指信号、投票卡等方法，了解学生对知识的了解程度，同样也能产生比较好的互动效果。

手指信号能够活跃课堂氛围，了解学生的答题情况。

投票卡同样能活跃课堂氛围，了解学生的答题情况。

 策略二

在恰当的环节使用黑屏键

用好 PPT 支持课堂教学互动的第二个策略是在恰当的环节使用黑屏键。

有了教学 PPT 以后，学生慢慢会形成一种无形的依赖，惯性地要从教学 PPT

中获得一些有价值的信息。

但是，很多教学活动往往需要学生主动发现知识、建构知识。这个时候，教师要有意识地切断线索，断开学生跟随教师思路的轨迹，把他们的视线拉回到自己身上，拉回到要探索的主题上。

使用一键黑屏操作，能够切断 PPT 输入，打断学生被动接受老师灌输的惯性。

B 键可以实现一键黑屏的功能，避免教学 PPT 干扰学生的主动学习思路。这一功能尤其适用于知识不是来自教师的传授，而是需要学生自己去产出和创建的情境，如在讨论、辩论、头脑风暴等教学活动中，黑屏能更好地帮助学生聚焦于任务和自己头脑中的想法。教师也更容易将学生的注意力吸引到板书上，记录下学生的观点，帮助学生更好地投入到知识的产出和创建过程中。

 策略三
使用计时器

用好 PPT 支持课堂教学互动的第三个策略是使用计时器。在课堂上，很多时候，教师会要求学生在一定的时间范围内完成某项任务，但是沉浸于任务的学生对时间会变得不敏感，而如果学生时时关心时间限制，则会影响他们对学习任务的投入程度。教学 PPT 可以通过加载计时工具，或者结合使用外部的计时工具，帮助学生更好地把握时间，把更多的注意力和精力放在学习任务上。

通过加载计时工具，或者结合使用外部的计时工具，可以帮助学生更好地把握时间，同时把更多的注意力和精力放在学习任务上。

　　我们可以通过插入加载项—应用商店—第三方发布的倒计时程序，选择使用计时器，方便地设定自己想要的时间限制。

　　教学常常是教师过于主动，一味输出、传授，学生过于被动，一味输入、接受，要增强教学互动，教学 PPT 也需要更多促进学生输出，在学生输出的基础上，把握住学生认知发展的进程，促进学生的成长和发展。

3

第三章
简洁原则

单一事物的简洁纯粹构成了大千世界的繁复多彩，而简洁的魅力正在于把世间一瞥的繁复整理得丝缕分明，教学 PPT 如果能体现出简洁的魅力，就能让 PPT 击中求知者的心。

本章介绍了让 PPT 更显简洁的基本方法，包括图文的降噪、拆页、设置动画效果，以及利用其他教学媒体等。需要强调的是，很多时候简洁只是体现在视觉效果上，而在简洁的视觉效果上，丰富的、让人充满联想的内涵才能赋予简洁富有张力的美感。

KISS 原则

简洁原则是 PPT 美化中非常重要的一个设计原则。

为了说明这个原则，本书的研究者做了一个有趣的实验。这个实验是研究受众在搜索引擎网站查找资料时注意力的走向。实验事先准备了一张搜索结果页面截图，然后请三位在校生作为研究被试，观察和记录他们观看搜索结果页面的反应，并使用红外眼动设备记录其视线的轨迹。

下面是实验结果热点图，图中热点颜色越深、面积越大，表示越多被试越长时间的视线停留。而通过这个视线扫描路径，可以清晰地发现，被试基本上是按照文字阅读的顺序，先上后下、先左后右地浏览页面内容。

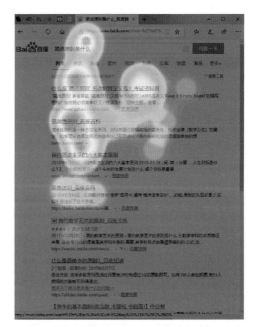

通过被试的视线扫描路径，可以清晰地发现，被试基本上是按照文字阅读的顺序先上后下、先左后右地浏览页面内容。

那么，这个实验结果能给 PPT 美化带来什么启示呢？它说明了"人的注意力是有限的"。心理学称这种现象为"知觉的选择性"，即在特定时间内，人只能感受少量或少数刺激，而对其他事物只做模糊的反应。

正因为受众注意力是有限的，所以在美化 PPT 时需要遵循 KISS 原则。

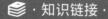 ·知识链接·

【KISS 原则】

KISS 是 "Keep it simple, stupid" 的首字母缩写，根据维基百科的词条解释， KISS 原则的提出源于 20 世纪 60 年代的美国海军，后来被逐渐延伸扩展到其他领域。这一个设计原则，信奉"大部分系统的最佳状态都是简约而非繁复"这一规律，认为简洁应该成为设计的一个关键目的，并且应该避免不必要的复杂。 KISS 原则是用户体验的高层境界，简单地理解这句话，就是要把一个产品做得连白痴都会用，因而也被称为"懒人原则"。

那么，在美化 PPT 的时候该如何应用 KISS 原则呢？下面介绍两个策略。

 策略一

每页的要点要尽量少

第一个策略是，每页的要点要尽量少，最好只有一个要点。因为页面的显示区域大小是固定的，呈现的内容越多，就会越容易分散受众的注意力，让希望表达的重点无法突出。

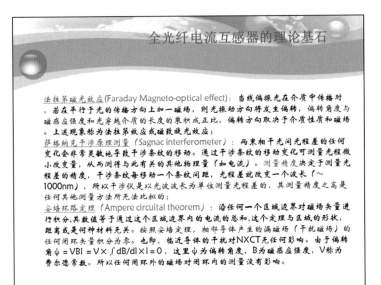

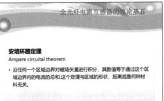

与其让学生接受满屏文字的暴力教学，不如放慢信息呈现的节奏，再丰富的内容也可以娓娓道来。

 策略二

使用概括性、简洁的语词

第二个策略是，使用概括性、简洁的语词，避免长篇累牍。虽然简洁概括的表述会牺牲一些语义表达的完整性，但却能避免让 PPT 承载所有的内容和细节，做到去枝存干。

提出一个问题往往要比解决一个问题更重要，因为解决问题也许仅是一个数学上或实验上的技能而已；而提出新的问题、新的假设、从新的角度去看旧的问题，却是需要有创造力和想象力的。正是如此，才标志着科学的真正进步。

——爱因斯坦

提出问题比
解决问题**更重要**。

——*爱因斯坦*

简化的表达牺牲了部分语义完整性，但语言更具力量。

　　总之，简洁原则就是让我们在安排 PPT 页面内容的时候换位思考，从受众的角度设计能够接受且易于接受的内容容量。通过简化操作，让重点更突出，演示效果更佳。

文字降噪的三板斧

教学 PPT 让课程能够呈现更加丰富、多元的视觉信息，但视觉噪音的问题也随之而来，阻碍学生对有用视觉信息的感知、理解和选择。那么，什么是视觉噪音呢？

📚·知识链接·

视觉噪音就是在视觉信息传递的过程中，对信息的传递、理解产生负面作用的视觉因素。受众在解读不同传播媒体提供的信息时，一定程度上都会受到视觉噪音的影响。每一次传播方式的变革都使得信息的传输变得更加丰富，但大量信息聚合一处集中展示，不但会影响观看者筛选有用的信息，可能还会带来一些负面影响。

过多的色彩、复杂混乱的布局、堆砌的特效都会带来视觉噪音，给人们解读信息带来负担。

在教学 PPT 里，文字的"噪音"问题主要来自文字密布、五颜六色、杂乱无章。文字降噪就是通过精心设计，控制不同文字信息的视觉强度，突出主要信息，削弱次要信息。

那么，在教学 PPT 中如何来降噪呢？下面介绍三种常用的方法。

 方法一
加粗

文字降噪的第一板斧是加粗关键文字。

通过加粗的操作，扩大关键文字的视觉区域，更易引起观众的注意。

 方法二
加大

文字降噪的第二板斧是加大关键文字。

通过加大操作，使关键文字的尺寸明显大于其他文字，让人一眼就能注意到。

方法三
变色

文字降噪的第三板斧是变色，通过色调对比来区分关键文字和次要文字。

我们可以给关键文字设定鲜亮的颜色，但这种方法有时候不容易掌控，配色把握不好可能会削弱整个页面的协调美感。

除了给关键文字设定鲜亮的颜色，我们也可以使用一定灰度的字体来降噪，弱化次要信息，并烘托出主要信息。

《前赤壁赋》赏析

全篇内在线索："乐"——"悲"——"乐"（感情变化）
文章艺术特色：1、本文紧紧围绕赤壁的风、月和水这三个自然意象，铺陈事物，表达情感。2、文章继承赋体"主客问答，抑客伸主"的艺术手法，表现作者内心矛盾和斗争的两个不同侧面。3、这篇文赋在写作手法上，把情、景、理三者融为一体。在形式上，骈散结合，长短相间，用典自然。

《前赤壁赋》赏析

全篇内在线索："乐"—"悲"—"乐"（感情变化）

文章艺术特色：
1. 紧紧围绕赤壁的风、月和水这三个自然意象，铺陈事物，表达情感。
2. 继承赋体"主客问答，抑客伸主"的艺术手法，表现作者内心矛盾和斗争的两个不同侧面。
3. 在写作手法上，把情、景、理三者融为一体。在形式上，骈散结合，长短相间，用典自然。

与前一张 PPT 相比，后一张 PPT 加粗了标题，加粗了关键词，对一些重点分析的文字内容使用了不同的颜色，通过使用文字降噪三板斧：加粗、加大、变色，使得页面的重点信息得到了更好的传达。

文字降噪的基本思路就是，重要文字做视觉加法，次要文字做视觉减法，通过增强对比，强化主要信息，弱化次要信息。上面提到的三种方法可以结合起来使用，达到综合的视觉效果。

图表、图片的降噪

PPT 常常会使用图片或图表来表现内容，但有时候处理得不好，不但没有达到图文并茂的效果，反而在不经意间制造了视觉噪音，分散了观众的注意，因此，在教学 PPT 中使用图片和图表的时候，常常需要进行降噪处理。这里简单介绍图片和图表降噪的两种方法。

方法一
改变图片的尺寸

在图片的降噪中，第一种方法是改变图片的尺寸。

改变图片的尺寸，放大图片的局部，可以更好地表现局部和整体的关联，使观众更易捕获到局部的重点和细节，在教学中用途非常广泛。

放大图片的局部可以通过 PS 来实现，也可以在 PPT 中通过比较简单的处理来实现。

在 PPT 中，可以在原图的基础上复制一份图片，使用外部或 PPT 自带的裁剪

修改前

修改后

与前一张 PPT 相比，后一张 PPT 放大了图片局部，能够让观众的视线聚焦于局部图片的细节，看清楚重点。

工具，得到需要的局部图片。 PPT 自带的裁剪功能除了常见的圆形、方形裁剪，还可以实现多种形状的裁剪。裁剪好图片之后，可以使用鼠标拖动或者直接键盘输入尺寸，放大局部图片，调整局部图片与原图的关系，造成视觉比例的差异，达到需要的效果。对图片素材的处理详细可见第四章的"视觉素材的处理"一节。

方法二
改变图片的颜色

图片降噪的第二种方法是改变图片的颜色。

将整个页面图片的颜色调整成灰色的背景，只保留局部着色，有利于整体氛围的营造，同时也让学生能更多关注图片的彩色部分。如果是多张图片，只需要分别设置每张图片的着色。

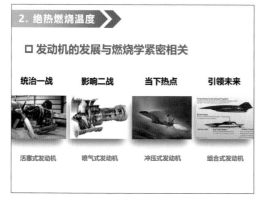
修改前

修改后

与前一张 PPT 相比，后一张 PPT 把每张非主题图片的颜色都设置成了灰色，使得主题图更加突出。

如果是一张图片，需在原图的基础上复制一份图片，对复制的图片重新着色，使其变成灰色，形成降噪后的大背景图，然后通过裁剪原图得到想要的局部彩色图片，调整好裁剪的图片和背景图片的摆放位置即可。

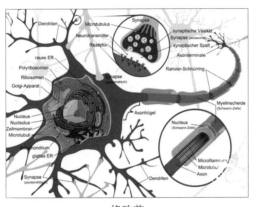
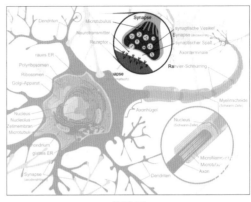

修改前 修改后

与前一张 PPT 相比，后一张 PPT 把局部图和大图叠加在一起，并且将大背景图的颜色都设置成了灰色，使得保留着色的局部图更加突出。

如果给图片降噪的同时，还希望保留一定的色彩，也可以模糊色彩或图片的细节，使观众的注意力能够放在更清晰的页面元素上。

要达成模糊色彩的效果，可以根据对 PPT 页面布局的设想，先插入形状，然后根据插入形状的尺寸选择适宜的图片，在插入的形状上选择图片进行填充，然后再调整透明度，就能得到色彩弱化后的图片了。

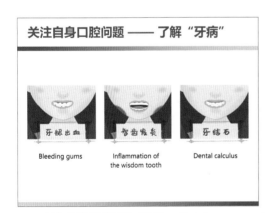

与前一张 PPT 相比，后一张 PPT 调整了需要降噪的图片的透明度，保留了色彩，模糊了图片细节，使未编辑的图片更突出。

在完成这个操作的过程中，可以先对图片进行编辑，使得图片和插入形状尺寸一致，提高图片填充的效果。

要模糊图片细节，制造虚化的效果，可以选中相应的图片，在艺术效果中选择虚化，还可以通过调整虚化半径，获得想要的虚化程度。

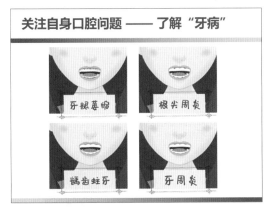
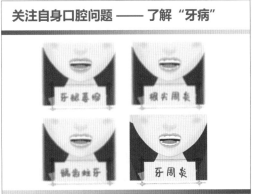

对需要降噪的图片进行虚化处理，同样能保留色彩，模糊细节，使得未编辑的图片更加突出。

图表的降噪处理和图片的降噪方法类同，也可以通过改变尺寸、改变颜色来实现。

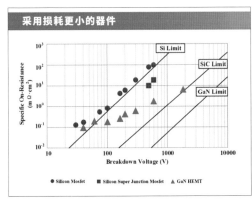

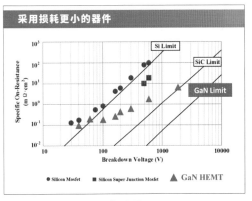

修改前　　　　　　　　　　　　　　　修改后

在表现图表的 PPT 中，可以编辑图例和图表标签的尺寸，来突出相应的数据信息。

图表主要通过形状来帮助读者形成整体感受，因此形状的尺寸很大程度上影响着读者注意力的走向，但是形状尺寸是由背后的数据所决定的，除非去除数据属性，单独改变图表中个别形状的大小是不可实现的。但是我们也有一些操作的方法，比如，可以通过改变图例和图表标签的尺寸，来突出相应的数据信息。

图表的颜色编辑不受限制。以饼图为例，PPT 默认生成的图表往往颜色过于丰富和鲜艳，如果需要读者特别关注饼图的某个扇区，可以把其他扇区的填充色变成灰色，只有需要突出的扇区部分填充成鲜艳的颜色。

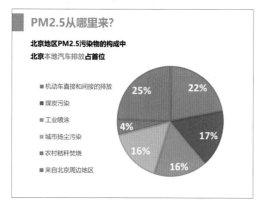

修改前

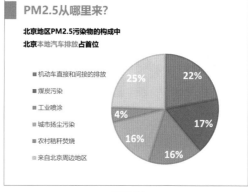

修改后

在表现图表的 PPT 中，还可以编辑数据区的颜色，通过将其他数据区域的颜色设置成灰色，来突出重点数据信息。

达成这一效果很方便，只需鼠标两次点击需要编辑的图片区域，即可更改填充的颜色。图例和图表标签的颜色编辑也可同样实现。

上面介绍的处理方法主要针对图片和图表主体，为了保持页面的美观一致，在处理完主体部分之后，也要对页面的其他元素进行类似的处理。如果削弱或去掉某些元素不会妨碍理解，比如图表中粗重的外框线、不必要的参考线、网线、图例等，就可以考虑通过降噪的处理方法，把它们最小化，或者干脆不使用。

拆页

很多时候，经过一定美化的 PPT 还是让人感觉页面太拥挤，字太多太满。这种情况，可以通过拆页或设置动画特效，逐条呈现页面信息，减轻阅读的压力。

拆页就是把本来在一个 PPT 页面中的多条信息拆分成多个页面，使得每条信息单独成页，使每个页面只有一个要点，消解信息的密集度，减轻阅读的负担。

拆页可以通过复制粘贴的方式实现。

如果需要拆分的页面都是文字，可以有更高效的操作方法来完成。例如，可以先调出大纲视图，找到需要拆分的页面，将光标定位到左侧大纲中要分页的文字前面，按下 Enter 键，再选择降低列表级别，直接生成两张拆分后的页面。重复进行此操作，直到完成所有页面的拆分。

页面拆分后，每个页面不会再有拥挤的感觉，会留出更多的美化空间。可以通过调大字体，增加相关配图，使得页面图文并茂，更具美感。

需要注意的是，原来在一页显示的信息被分成了几页以后，可能会破坏或削弱原有的信息结构和叙事逻辑，需要给信息增加归类属性或提供导航。可以在拆

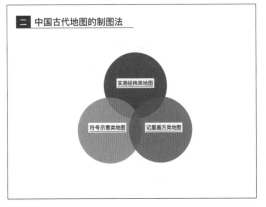

拆页之后会破坏或削弱原有的信息结构和叙事逻辑，可能需要增加内容导航，使信息结构更完整。

分的 PPT 页面之前再增加一页，通过图解的方式，清晰地呈现每条信息之间的关系。此外，第二章的"使用目录与导航"一节中还提到一种方法，即设置主题切换导航，这也可以用来实现分页后的信息标签和导航。

另外，使用角标是一种简洁的方式，可以给同一个主题下的不同信息打上个性标签。

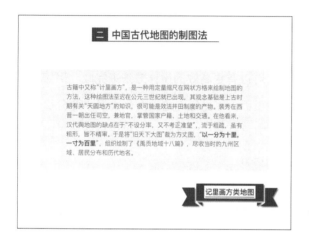

在 PPT 中使用角标，可以给同一主题下的不同信息打上个性标签，使信息归属更易识别。

除了拆页的方法，还可以设置动画效果，通过设置"播放后变暗"的动画效果来降噪，获得更简洁的 PPT 页面。

以文本为例，可以先给文本框统一设置一种动画播放效果。

然后，在动画窗格中，通过设置文本动画，使得文字信息能够逐条出现；通过设置效果，使段落文字播放后变成灰色，保证只有当前在播放的内容亮色显示；通过设置鼠标单击后再播放动画，使得教师能够控制教学节奏，保证当前播放的文字段落能够保持亮色停留足够的时间。

多个文本框和图表动画播放后变暗的特效设置与上面介绍的思路类同，一样可以先设置整体动画播放效果，然后再设置播放的顺序、变色的效果。

需要注意的是，动画特效使用得越多越频繁，播放的时候就越可能出现故障或卡顿的现象。所以，我们一般建议教学 PPT 不要带有太多动画特效，以免现场播放时达不到预想的效果，反而带来各种麻烦。

二、行政立法的程序

（一）法规、规章的提议和起草。

（二）法规、规章草案的审查和审议。

（三）法规、规章的听证。

（四）法规、规章的发布。

（五）法规、规章的修改和废止。

二、行政立法的程序

（一）法规、规章的提议和起草。

（二）法规、规章草案的审查和审议。

（三）法规、规章的听证。

（四）法规、规章的发布。

（五）法规、规章的修改和废止。

设置播放后变暗的效果，使得文字能够逐条出现，并且只有当前在播放的内容亮色显示，帮助教师更好地把握教学内容呈现的节奏。

拆页和设置动画效果的方法，可以削减一次性呈现信息的强度，从而获得更简洁、更清爽的视觉效果。

■ 利用其他媒体

PPT 在大学得到了广泛的使用，有时候甚至会出现这种现象： 一门课从头到尾都需要用 PPT，离开了 PPT，教学不知从何开始。在有的课程中， PPT 成了唯一的教学媒体， PPT 放映取代了板书，取代了教具，取代了讲义，甚至取代了教材。是否有必要这样去使用 PPT 呢？ PPT 是否可以替代其他的教学媒体呢？

不少老师使用教学 PPT 以后，就不再使用板书了，认为板书费时费力，教学效率不高。但其实在不少教学环节中，板书能够发挥不可替代的作用，能够产生比 PPT 更好的教学效果。

比如，一些老师喜欢用 PPT 来呈现公式或者公式推导的过程，但 PPT 的呈现方式往往控制不好节奏，切换的过程容易速度过快，让学生无法跟上教学节奏，来不及思考和回味。

■ 事件的关系及概率计算

事件关系类型：
- 包含
- 相等
- 并事件
- 交事件
- 独立事件
- 互斥事件
- 对立事件

重要关系公式：

$P(A) < P(B)$

$P(A) = P(B)$

$P(A \cup B) = P(A) + P(B) - P(A \cap B)$

$P(AB) = P(A) \, P(B)$

$P(A \cup B) = P(A) + P(B)$ (互斥)

$P(\overline{A}) = 1 - P(A)$

用 PPT 呈现公式是一种看似高效的做法，其实很可能使学生无法跟上教学的节奏。

板书在这方面更有优势，在课堂教学中，它可以很好地牵引学生的注意力。教学随着板书的过程逐步展开，更富有层次，更符合学生思考的步调，而且板书灵活性强，可以根据与学生的互动过程，随时更改，随时勾画，便于学生思考和记忆，更能激发他们的思维发展。

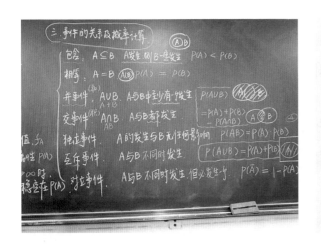

板书可以根据与学生的互动过程随时更改，随时勾画，便于顺应学生的思维，调动学生展开思考和记忆等思维活动。

在实际教学中，往往需要围绕核心概念或理论模型反复展开， PPT 播放一般是线性顺序，切换之后再来回调换容易造成思维混乱，板书则可以在黑板上停留整整一节课，方便教师随时提示。

所以在推导公式、推动讨论、揭示概念内涵等教学活动中，教师可以利用板书，根据学生情况，层层展开教学内容，而不是把内容都堆放在 PPT 里。这样也可以使得教学 PPT 脉络更清晰，页面更简洁。

一些教师使用教学 PPT 以后，就不再使用或者减少使用实物或模拟实物的直观教具进行教学，而是把这些直观教具做成图片或动画的形式播放给学生看。但是，实物教学其实也具有多媒体所没有的一些优势。使用实物教学时，教师可以把学习对象直接呈现在学生面前，学生可以调动多种感官，通过观察、聆听、用手去触摸、用鼻子闻、用嘴品尝等途径，去感知对象，获得直接感受，建立更全面的认识。使用标本、模型和其他复制品教学，也能够获得类似实物的教学效果。

和 PPT 教学相比，实物能够营造更真实的教学环境，能够培养和发展学生的观察能力，带给学生更真切的体验。一些直观教具还能给学生提供一定的手动操作机会，能更好地调动学生的思维，帮助学生发展思考及综合分析问题的能力。

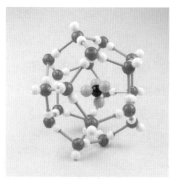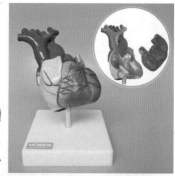

实物教学给了学生近距离、多角度观察学习对象，调动各种感官去感知的机会，相比只是观看 PPT，能够给学生带来更直接的感受。

还有一些老师使用教学 PPT 以后，几乎把所有的教学材料全部堆放到 PPT 里。比如文科和社会科学，可能会把很长的法律条文、完整的案例描述等学习材料都放到 PPT 里；再如，语言学科里的重点词汇及表达句式，工程学科里较多的操作注意事项等练习辅助材料也会大量出现在 PPT 里。

这些材料放在教学 PPT 里，使得 PPT 显得非常累赘，很难做到简洁，简洁了又很难完整呈现，呈现时也可能因为和不同学生节奏不合拍而带来不少教学问题。

如果教师把这些需要更多让学生自主学习的材料打印出来，分发给学生，就可以让学生更好地把握学习节奏。

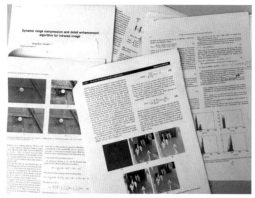

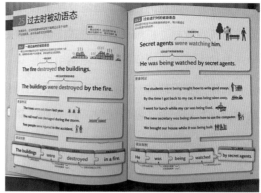

各种翔实的教学材料，可以通过讲义、分发材料、教材、扩展资源的方式提供给学生。

如果直接照搬到教学 PPT 中，会带来很多教学问题，如过大的阅读压力使授课走向枯燥与乏味；难以与学生节奏合拍，逐渐丧失对学生注意的把握……

PPT 没有必要面面俱到，它不能替代，也无法替代其他教学媒体的作用。

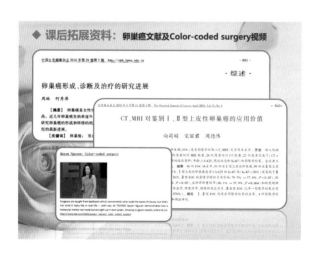

各种翔实的教学材料不宜直接照搬到教学 PPT 中，在 PPT 中只需对这些教学环节和内容给出适当的提示和指引。

　　复杂的、细致的，尤其是需要学生自主学习或练习的内容，可以通过讲义、分发材料、教材、扩展资源的方式提供给学生，在教学 PPT 里，只需要对这些教学环节和内容给出适当的提示和指引。

　　和其他教学媒体一样，教学 PPT 是老师用来辅助教学的工具，它需要和其他教学媒体互相配合，各取优势。对于 PPT 来说，只有足够简洁，才能有力地传达出教学的要点。

▌简洁是相对的

　　简洁原则现在已经成为 PPT 公认的一个原则，有非常多的 PPT 设计制作技巧和注意事项，告诉读者如何简化表达、如何降噪。这些方法都很有价值，但是不是越简洁越好呢？很多时候，我们还需要根据使用 PPT 的场景，根据 PPT 面向的对象，根据使用 PPT 的目的，更好地把握 PPT 的简洁度。

　　有时，同一个主题的 PPT，可能会面向不同的对象展开，比如受邀到其他学校给从未谋面的学生讲课。

面向素未谋面的学生讲课，
为了更好地规避教学风险，
不必追求极致的简洁。

　　教师对这些学生的背景和学习基础是缺乏了解的，尽管能够从邀请方得到关于学生专业、所在年级的大概描述，但是这些信息的参考作用比较有限。

　　教师已有的教学 PPT 背后对学生知识水平、理解水平其实是有一定的假定的，但这个假定对于外校授课对象可能是不适用的。而且，在外校讲课，可能也很难做到分发讲义和材料。这个时候，相对没那么简洁的 PPT 能够承载更多的教学内容，应对更多可能的情况，从而更好地规避教学风险。

　　在一些特殊的时候，教师们可能需要在有限的时间里尽可能地充分展示自己的教学工作。比如，在教学工作需要接受评审的时候。这些评审专家可能有一部分是教学专家，但更多的可能是来自不同管理部门的领导，他们对教学的理解可能不尽相同。

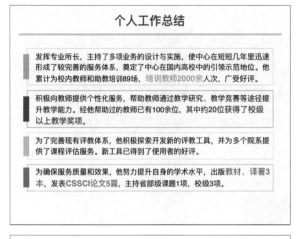

向来自不同管理部门的领导汇报教学工作时，需要在简洁原则和提供充分信息之间寻找到平衡点。

　　这个时候，如果简洁原则和提供充分的信息两者之间存在冲突，就需要在它们之间找到一个平衡点。有时很难确定这些评审专家，尤其是非教学方面的评审专家，他们在高强度的评审工作环境下，到底能够吸收多少信息。这时，我们更需要关心的可能是，所展示的内容是否足够充分，和其他参加评审的对象相比，是否存在明显的缺漏，在保证了这条底线之后，才会重点考虑我们的亮点在哪里。

在这种情况下， PPT 不仅需要通过简洁的方式来表现亮点，同时还需要承载足够充分的信息，以免评审材料在无法得到充分阅读的情况下，一些评审专家主要通过 PPT 汇报来大致判定工作成绩。

除了教学工作方面的评审，高校中还经常会有很多专业评审活动。在这些专业评审活动中，评委基本上都是领域专家。他们对信息的识别能力，对关键信息的提取能力远高于普通受众。他们在倾听主讲人汇报的同时，还能分出部分注意力对 PPT 提供的信息进行联想、思考、判定。这个时候， PPT 如果在强调关键点之外，能够提供更多的支撑细节，就能够更好地触发专家思维，使得他们能够更好地结合自己的认知和经验，抓住关键细节，对评审内容做出更客观、更深入的判断，提出更具价值的建议。而如果 PPT 十分简洁，演讲人发挥不够充分，则很有可能使得工作的价值被低估。

在专业评审活动中，需要给信息捕获能力超强的专家提供更多细节信息，以更好地触发专家思维，得到更多助力。同时，一定程度丰富、细致的信息，也可以避免因演讲不到位，导致工作价值被低估的情况发生。

很多 PPT 教学会告诉我们一些一般性的简洁规则，比如"一页不要超过多少行""一行不要超过多少个字",英文的 PPT 一般是 6×6 规则,即每页不超过 6 行,每行不超过 6 个单词,但这些其实并不是绝对的。

No more than *six* characters per line.

No more than *six* bullets per slide.

一般情况可遵循此规则,但这一规则并不绝对。

　　对于不同的受众来说,同样的内容,能够接收到的信息容量和效率都是不同的,这会受到他们原有经验、认识结构,以及个人信息提取速度的影响。对于新手来说是复杂的 PPT,对于专家来说很可能是简洁的,这也解释了为什么评审类的 PPT 总是内容相对较多。所以,我们也要根据受众的程度,选择合适的简洁度。

　　以下总结了把握简洁度的简要方法,可以提供一定的参考。

　　一是如果十分确定受众信息比你匮乏,水平不比你高,保持 PPT 尽量简洁。

　　二是如果不确定受众信息是否比你匮乏,水平是否比你高,那么,可以追求一定程度的细节,更好地把控风险。

　　三是如果确定受众在很多维度信息比你更丰富,水平比你更高,那么,在允许的范围内,尽可能多地呈现一些细节,以免价值被低估。

　　本质上,PPT 要简洁,就是为了让受众接收有效的信息,根据受众和使用情境调节简洁度,也是为了让信息的传达能够更有针对性,实现更有效的沟通。

4

第四章
视觉化原则

    视觉化是 PPT 美化的核心，普通人对美的感受可能 80% 以上都来自视觉， PPT 如何才能更具视觉效果呢？要做到视觉化表达是否一定需要投入大量的时间呢？

    本章介绍了人类的视觉特点与偏好，视觉化处理素材的一般流程和方法，并且针对许多人面临的不知道如何视觉化表达的问题，专门用一个主题讲解了各类素材如何找到合适的视觉化表达方式。除此之外，本章还介绍了常用的图片素材处理方法，掌握了这些方法，就能快速、高效地制作更具视觉效果的 PPT。

人的视觉属性

视觉是人类每天都离不开的感觉，我们对它了解多少，我们可以怎样利用对视觉的了解，做出让人眼前一亮的教学 PPT 呢？

对生命来说，没有什么比光更重要的了，它在能量上的重要性无可比拟。对动物来说，虽然能量重要性是间接的，但光却是它们行为的探照灯。

根据生物学的研究，最早演化出来的是感光器。早期的生物没有敏锐的感官，因为捕食的需要，逐渐演化出光感受器，能够探测周围环境的明暗。对光线形成感知以后，动物通过进一步的演化形成了对图像形状的感受，出现了杯状或囊状光感受器，并形成可使光线聚焦的晶状体，使光线聚焦，形成清晰的图像。但并非所有的动物都演化出了敏锐的图像捕捉能力，根据科学家绘制的将近 600 种动物的视力图像，人类虽然不是最厉害的，但也是其中的佼佼者。

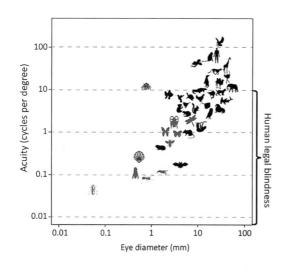

在不同的动物种类中，人类视觉可达到的距离和清晰程度都是比较好的。

除了对图形形状的感知有差别，不同动物对颜色的感知能力也有很大差异。人类对颜色的知觉不如鸟类和蝴蝶，但和其他大部分哺乳动物看到的是灰色世界相比，我们能够看到的世界已经是非常多彩了，蓝、绿、红 3 种感光细胞的组合

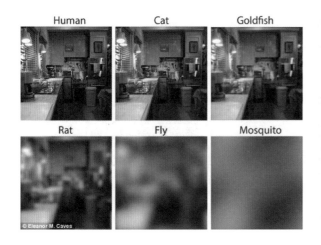

在对同样室内环境的视觉感受中，人类在视觉清晰度上胜出。

作用，让我们能够肉眼辨别 150 种左右的颜色。为什么在众多的哺乳动物中，只有少数灵长类动物演化出三色视觉呢？这在生物学里有一种有趣的假说，认为味觉引导了视觉的演化。人类早期祖先需要这一视觉功能，以便更容易地看到绿色森林海洋中色彩鲜艳的成熟果实。

和大部分哺乳动物看到的是灰色的世界相比，人类的祖先已经能感知到鲜艳的颜色。现在的人类则能够肉眼辨别 150 种左右的颜色。

而更多来自对其他动物的研究表明，虽然视觉的演化路径各不相同，比如，昆虫的复眼，鸟类有 4 种感光细胞，动物的眼睛有的长在头两侧、有的和人类一样长在头的前面，但是这些不同都指向了同一个目标，就是为了能够在自己生存的环境中，借助光获得更多关于事物的信息，以便做出对生存更有利的选择。

人类个体的视力发展过程和视觉演化的历程有一定程度上的相似。婴儿出生以后，就会通过视觉、听觉、触觉、嗅觉、味觉搜集外界各种信息。在最初的时候，婴儿的触觉是最灵敏的，这个时候他们的眼睛只能看到模糊的黑白影像，感受不到色彩，也不能形成清晰的事物图像和轮廓。到 3 个月大时，他们具有了三色视觉。婴儿还会经历一个口欲期，通过嘴来感知世界，辅助不同感觉的形成和发展。在 6 个月以后，他们开始对远近、前后等立体空间有了更多认识。 6 个月至 1 岁的时候，辨别物体细微差别的能力会快速发展，对事物的轮廓边缘、对比敏感度的感知得到增强。 1 至 3 岁时，随着直立行走能力的获得，开始对远近、前后、左右等立体空间形成更多认识。 6 岁以后，随着视觉经验的丰富，他们的视觉能力已经接近正常成人。

视觉的发展其实也是各种感官协同发展的过程，儿童通过视觉、听觉、触觉、嗅觉、味觉所感知到的外界事物都会形成意向保存在头脑中，并通过视觉对照后调出意向，完成事物的识别。

　　形成了成熟的视觉以后，人类至少有 80% 以上的外界信息通过视觉获得。视觉让我们获得关于物体的边界、明暗、颜色、动静、空间纵深、组成成分等基本信息。

　　和其他动物一样，人类的视觉在演化的路径上，最重要的任务就是以最快的速度识别环境，发现危险或猎物，引导个体趋利避害。但进入文明社会后，人类视觉还衍化出一项新的功能，那就是审美。审美的根源来自百万年来人类与自然的搏斗，从而在基因中铭刻下古老的烙印，而随着社会的发展和个体的发展，美也发展出更多的内涵和分支。美依附于具体的事物，但更依赖于我们的主观感受。美感被认为是人的需要被满足时，对自身状况产生的愉悦反映。所以，可以说"识别"和"审美"是人类视觉的两大功效。

视觉一方面帮助我们识别重要信息，锁定目标，以往这些目标是危险或食物，现在则更多变成了有价值的信息。

这种识别是从婴儿开始就通过各种感觉，通过多维度的观察和体验，将目标事物简化抽象，形成"意向"，这种意向储存在大脑中，当再次出现同类物体时，视觉通过与"意向"对照，实现快速识别。

自然界和物体的图像对视觉的刺激写入了基因层面，能瞬间唤起意向；同时，抽象出物体轮廓的象形符号因为突出了意向的重点特征，也能很快被识别；而更抽象的文字和专业符号系统，则需要人们通过长期的、系统的教育，才能在认知结构中建立起连接，帮助人们识别信息。

对于视觉审美，简单来说，是视觉素材唤起了美感，满足了我们的视觉需要，或者是唤起了以往视觉满足的经验和记忆。人们通过设计视觉素材的比例、对称、平衡、对比、多样统一等，唤起美感；也通过设计视觉形象包含的情感内容、社会内容来打动人、感染人，唤起美感。

教学 PPT 作为一种视觉教学素材，可以利用好人类的视觉特性，更好地引发"识别"和"审美"的视觉活动，给学习者带来更好的学习体验。

文不如字，字不如表，表不如图

　　"文不如字，字不如表，表不如图"是做 PPT 时经常会听到的一种说法，其中的道理何在？文和字有什么区别？为什么文不如字？字为什么不如表？表又在哪些方面逊色于图呢？学习者可以如何根据这一原理处理 PPT，使得 PPT 更具视觉效果？

　　文字和语言一样，是用来交流信息的工具，只不过文字是书面的。在现代语义中，文字是一个词语，是作为一个整体出现的。但在古代，文是文，字是字。"文"的本义是纹理、花纹，最初的文字是按照实际事物画出的简洁纹理，所以被称为"文"；我们的祖先后来在文的基础上，又造出形声字、会意字等，以便增加文字的数量，能够传递更多的信息，这些文字被称为"字"。可见，"文"是最初的象形字，而"字"就是这些象形字组合变换之后所形成的众多的文字。作为一种语言符号，从视觉传达的效果上来说，最初文和字的关系应该是字不如文。

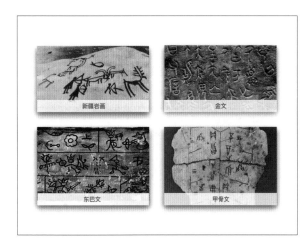

最早的"文"指的是刻画在石头或器物上的纹理和花纹，汉语言文字正是在此基础上慢慢演变而来的。

　　但是，经历了长期的文字演变和文化发展，"文"更多用来指代文章，代表大段大段的文字，"字"则指的是经过精炼概要后的字或词语。虽然从视觉化语

"盖依类象形，故谓之文；
其後形声相益，即谓之字"

这里的"文"指的是象形字，这里的"字"指的是造出来的形声字，由表示字的意思或类属的形旁和表示字的发音的声旁组合而成。
除了象形字和形声字，汉字还包含大量的指事字和会意字。

言符号的角度来看，文字不一定象形，未必能够从事物轮廓和特点的角度帮助读者和实际事物建立联系，但是少而精炼的信息确实更能抓住读者的注意力。和大段文字相比，简短的文字更具思考的弹性和空间，而且更多的留白为创造更吸引人的视觉效果留下了更多的空间。

了解了"文不如字"，就可以结合这一指导思想，考虑如何使得大段的文字更具视觉效果。可以把大段的文字精炼出要点，还可以利用文字的象形特性或者对文字的局部进行设计，增强文字内在含义的表达，增加视觉冲击力。

对文字进行形象化的处理，能够获得更好的视觉效果。

　　"字不如表"是指在一些复杂信息的表达上，表格和图表比文字更具优势。

　　简单的文字材料往往不能表达复杂的结构，也建立不起复杂的连接。而表格通过抽象出一定的结构维度，构建出不同的视角，使得信息的结构可视化，帮助读者在不同信息或知识之间建立起立体的联系，获得更佳的视觉和认知体验。

新能源的开发与再生

A. 太阳能
特点：普遍，没有地域限制；无害，它是清洁能源之一；巨大，每年的辐射能约为130万亿吨煤；长久，足够维持上百年；分散性，**能流密度低**；不稳定，受到昼夜季节地理位置影响；效率低，成本高，发展受到经济的制约。

B. 风能
特点：可再生，无污染且储量巨大，比全世界可利用的水力资源大十倍；受地形影响大；风速**不稳定**，产生的能量大小不稳定；设备不成熟，转换效率低。

C. 海洋能
特点：蕴含总量大，无污染，可再生；能流**分布不均匀**、密度低；能量多变，不稳定；经济效益差，成本高，技术不成熟。

新能源的开发与再生

特点 ＼ 能源	太阳能	风能	海洋能
优点	总量大		
	无污染		
	普遍	可再生	
缺点	不稳定、效率低		
	能流密度低		
	分散性	受地形影响	分布不均匀
发展限制	效率低，成本高，发展受到经济的制约。	设备不成熟，转换效率低。	经济效益差，成本高，技术不成熟。

　　和前一张 PPT 相比，后一张 PPT 提取出了每段文字中的共同要素，既简化了表达，又为读者理解信息提供了更加清晰的框架。

　　图表则通过图解的方式，以更清晰的逻辑关系展示零散的、分裂的信息和知识，以可视的方式引导思考的过程，降低读者的思维负载，获得更佳的视觉和认知体验。

　　表格和图表就是要厘清内容信息之间的逻辑关系，通过图表的形式，引导归纳与演绎、分析与综合、抽象与概括、比较、因果、递推、逆向思维的过程，使得思维过程得到可视化的呈现，从而增强文字信息块或数据信息块的表达力。

　　识图是人们认识世界本来的方式，对读者来说解读起来是最轻松的。在图表中，承载信息的还是文字和数据，需要读者调用语言符号系统去解读。而在图形中，承载信息的文字和数据变换了形式，通过相应的形状、位置、大小等来表达，让人一眼就能识别它们彼此之间的关系，迅速获得对象的结构、特征、发展

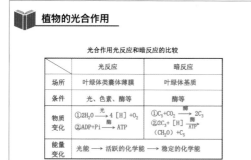

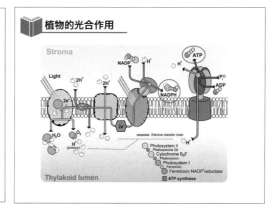

和前一张 PPT 相比，后一张 PPT 用图形化的语言表达出光合作用的整个过程，能更好地牵引读者的视线顺着整个流程理解光合作用的过程。而图表以框架、要素的方式展示整个过程，在表达的连续性和完整性上逊色于图片。

趋势等信息。

　　对文字和数据信息进行各种图形化处理更符合人类的视觉需求，虽然这些图形在自然界中并不存在，但是它反映了自然界的信息和规律，也贴合人类视觉的特性，使得信息能够得到更敏锐的识别和记忆。

　　如果说文字是一维的表达，读者通过识别文字符号，通过线性的路径去勾勒对象，那么表格则是多维的表达，读者可以从其中任何一个维度出发去揣摩表达的对象，立体地构建对象；而图片则接近于赤裸裸地把认识的对象呈现在读者面前，读者可以从自己已有的认知基础出发，对对象做出各种维度的思考和解读。所以我们在 PPT 制作的过程中，从视觉效果的角度、从促进认知的角度，优先级别都是"文不如字，字不如表，表不如图"。

视觉化的四个步骤

对以文字素材为主的 PPT，可以通过以下四个步骤进行视觉化处理，形成更具视觉感染力的 PPT，使教学更具力量。下面结合具体的案例介绍处理的方法和步骤。

步骤一

语义提取和划分

视觉化 PPT 的第一步是语义提取和划分。

下面这张 PPT 讲的是商业秘密，虽然文字表达已经很简洁了，但是这句话的信息量其实非常大，理解起来并不容易。

「 商业秘密 」

"商业秘密是指不为公众所知悉，具有商业价值并经权利人采取相应保密措施的技术信息和经营信息。"

——《反不正当竞争法》第九条

这是从真实的教学 PPT 中选取的一页，仅进行了简单的排版和颜色处理。这样的 PPT 在教学中非常普遍，存在较大的美化空间。

为了更好地理解这句话，可以对它的语义进行提取和划分，形成简洁的短句表达。通过处理之后可以看到，每句话描述的内容不超过两个概念，不超过一种关系，每种含义都得到了明确的表达，阅读起来轻松多了。

步骤二

理顺语义之间的逻辑关系

仔细分析提取的语义信息可以发现，这段话的核心是要描述清楚商业秘密，

这张 PPT 在原有的长句信息基础上，提取出多层语义，把长句拆分成多个简短的语句，使得信息更具可读性。

并且通过描述它与众多概念之间的关系，来帮助学习者建立对商业秘密多种属性的认识。因此，我们可以围绕商业秘密，通过表现其与权利人，以及其他相关概念之间的关系，来厘清语义之间的逻辑关系。

　　下面这张图表可以帮助我们更好地理解这段文字提到的语义关系。权利人为了获得商业价值，对一些信息采取保密措施，这些信息成了商业秘密，权利人通过经营商业秘密来获得商业价值。

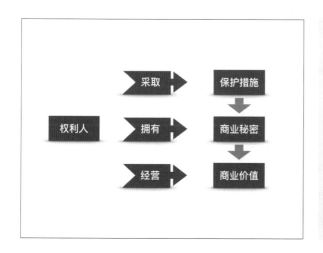

这张语义关系图着重选取了和权利人之间的关系来剖析商业秘密。
这种语义关系的构建并没有唯一的答案，还可以考虑通过其他的框架来表现，比如权利人对商业秘密的争夺。
这样的表达更具故事性，更能激发学习兴趣。

 步骤三

视觉映射

　　厘清语义以及语义关系后，就可以开始为概念以及语义关系找到视觉化的表达方式，这个过程可以称为做好视觉映射。在这个案例里，可以用实例来进行视觉化的表现。例如：用可口可乐的配方来表示商业秘密；用可口可乐公司来代表权利人；用公司总部保险箱来代表保护措施；用丰富的可口可乐产品和经营数据来代表商业价值。概念之间的关系，则可以用箭头符号配合简洁文字来进行视觉化的表达。

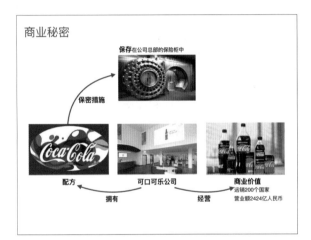

这张 PPT 使用图片来表达语义，信息变得更直观。

 步骤四

实现视觉化表达

　　厘清了关键概念以及语义关系，并且找到了相应的视觉表达方法之后，第四步就是通过技术手段来实现视觉化的表达。

　　在这个过程中，需要对视觉素材进行处理，通过调整素材的大小、着色等方式，弱化次要信息，突出商业秘密。

经过四个步骤美化后的 PPT，"商业秘密"的重点更突出，整个画面层次分明，浓淡有别，更具视觉效果。

　　通过视觉化处理，我们能够把抽象的概念和语义关系具象化，帮助学生对所学习的知识形成更加清晰、更加深刻的理解和记忆。

　　需要说明的是，在实际的 PPT 设计和制作中，需要考虑整个教学主题的结构，优先挑选教学重点和难点进行视觉化处理。而且 PPT 的美化是二次创作，每个人对语义划分、概念关系梳理和视觉映射选择都具有主观性，不同的人对同样的知识做出来的视觉化表达可能完全不同，而这也正是视觉表达的魅力所在。

如何做视觉映射

现在是一个图像化生存的时代，影视、图片、形象符号化的书写形态和表达日益成为一种渗透日常的表达方式。很多时候，一些知识内容没有成熟的视觉化表现形式，需要我们自己去创作。那么，如何才能让教学 PPT 从单调的文字转变成具有丰富元素的视觉形式呢？

我们都知道，知识是人类对规律的总结，为了便于学习，才把它们拆分成知识点，并且细化到从最小的概念开始教学。视觉化也要从概念开始入手。

概念有实有虚，实的非常具体，在自然界、在生活中能够找到对应的事物。这类事物很好做视觉映射，找到相应的照片、图片即可。

例如： 在外语词汇教学中，学习狗的种类（如 poodle, hound, terrier, husky, pug 等），只需要展示相应的图片，它们的外形及其区别便能一目了然。

有具体实物对应的概念，可以直接使用实物照片来表达。

除了这类实的概念，还有一些概念比较抽象，它们既有实的部分，又有虚的部分，比如"道德""能量""力"等等，它们存在于我们的生活中，我们能感觉到它们，但是它们没有实体，看不见、摸不着。这个时候，就需要借助和它们密切相关的一些具体事物来表达。例如： 用乱穿马路、景区垃圾成山等照片来表

道德

道德，指衡量行为的观念标准。不同的对错标准是特定生产能力、生产关系和生活形态下自然形成的。在英语中，道德（Morality）是用来区分意图的正当与不当，并决定行动的行为因子。道德可以是源自于特定哲学、宗教或文化的行为准则中衍生出来的一系列标准或原则 也可以源于一个人所相信的普遍价值 道德是一种"非正式公共机制"，非正式即指无法律或权威能判定其正确与否，而公共机制指所有场合都能套用的准则。

中国文化中的道德是判断一个行为正当与否的观念标准。道德是调节人们行为的一种社会规范。按照孔子的思想，治理国家，要"以德治法"，道德道德和法律律互为补充。同时，法律反映立法者的意志，顾应民意的立法者制定的法律要以法。反映了社会道德观念在法律上的诉求。中国自上古发展商来，传说中尧、舜、禹、周公等都是道德的楷模。

道德

道德，指衡量行为的观念标准。

能量

能量（energy）是物质的基本单元在空间中的运动周期范围的测量。现代物理学已明确了质量与能量之间的数量关系，即爱因斯坦的质能关系式：$E=MC^2$。

能量以多种不同的形式存在：按照物质的不同运动形式分类，能量可分为机械能、化学能、热能、电能、辐射能、核能、光能、潮汐能等，这些不同形式的能量之间可以通过物理效应或化学反应而相互转化。各种地也具有能量。

能量的本质是物理意义上四维空间度量的一个物理量，类似的还有三维空间度量的物理量—动量，以及二维空间度量的物理量—质量等等。它们都是物质在不同维度所表现出来的物质属性。

能量

能量是物质的基本单元在空间中的运动周期范围的测量。

力

在物理学中，力是任何导致自由物体经速度、方向或外型的变化的影响。力也可以借由直觉的概念来描述，例如推力或拉力，这可以导致一个有质量的物体改变速度（包括从静止状态开始运动）或改变其方向。一个力包括大小和方向，这使力成为一个矢量。

牛顿第二定律，可以公式化地来陈述一个有定质量的物体将会和作用在其身的合力成比例的加速，这个近似将在接近光速时失效。牛顿原先的公式是正合的不会失效：这个版本陈述了作用在物体上的合力等于动量改变量对时间作微分。

加速力的相关概念包括使物体速度增加的推进力使任何物体减速的阻力，与改变对轴的转速的力矩。当力不会一致地作用在物体的所有地方时为应力，此技术术语的影响是会造成物体的形变。当应力可以持续的作用在固态物体上时，会逐渐的使其变形。在流体中，应力决定了其压力与体积的改变量。

力

在物理学中，力是任何导致自由物体历经速度、方向或外型的变化的影响。

对于可以联系到具体事物的抽象概念，可以使用系列关联事物的图片来表达。

现道德；用太阳能、闪电、风力发电机等来表现能量；用被风吹动的旗帜、重力形成的瀑布、人力较量的拔河等图片来表现各种力。

　　还有一类虚的概念内涵比较复杂，这时我们可以使用相关事物的图片、能够唤起这一意向的图形或符号来表征，同时备注上文字共同来进行表达。例如：对于"国际型特色人才培养创新平台"这个概念，我们可以画一个圆角矩形代表平台，在平台上放一些加了领带的人形图像代表人才，还可以把人才的头替换成小地球，代表人才是国际化的，然后再配以文字，意义的表达就比较直观、完整，同时也非常简洁。

对于具有复杂内涵，难以找到具体对应实物的概念，可以分析概念的内涵，使用对应的图像组合来表达。

　　除了这种简洁的图形表达方式，我们也可以考虑放一组照片，比如国内国际同学一起做项目的照片、学校创新中心建筑的照片、学生参观企业工厂的照片等，结合在一起来表达这一概念，这种表达方式比前一种更具体，能更清楚地表明这个平台计划或已经在做的一些事情。

　　对于这类内涵复杂的概念，单一的视觉映射不能很好地反映其丰富的内涵，需要挖掘其内涵的多面性，对核心和重点方面进行视觉化表达。

　　老师们常常觉得视觉化表达关系似乎比虚的概念更难，其实分析清楚了关系之后，表达的视觉化也就不难了。比如空间关系是普遍存在的一种关系，地图、

对于具有复杂内涵，难以找到具体对应实物的概念，可以分析概念的内涵，使用相关的照片来组合表达。

解剖图都是视觉化的表达方式，涉及空间关系，都可以通过设定对象的大小和位置，通过展现平面和立体的变化过程来进行视觉化的表达。

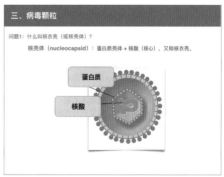

对于存在空间位置关系的一组概念，可以把空间关系图形化以后再结合文字进行表达。

另外，按照时间流程对信息进行视觉化的处理也是一种方法。一些历史事件可以借助时间轴来进行表达，在同一时间轴上呈现不同的事件，有利于读者更好地把握历史进程。

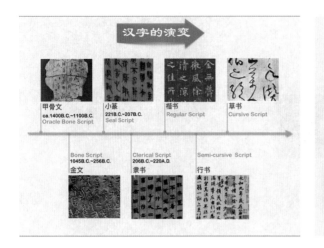

对于存在时间关系的一组概念，可以结合时间轴进行表达。

教学常常涉及程序和方法类知识，这类知识也可通过和时间轴类似的流程图来进行视觉化的表达。

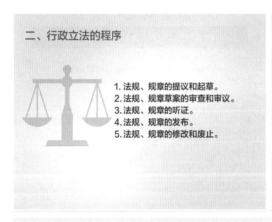

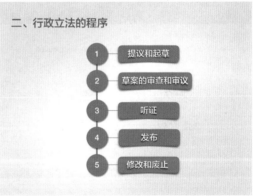

对于程序性知识，可以结合类似时间轴的流程图来进行表达。

如果信息包含一些共同的要素，我们可以通过提取共同的要素，按照要素维度列表来进行视觉化的表达。或者直接提取某些维度的对比信息，通过视觉化的方式来呈现。

我们还可以用线条、箭头来表示事物两两之间存在某种关系，通过画外框线来表示不同事物之间存在某种同属关系，还可以借鉴 Smartart 多样的关系图来表达各种逻辑关系。

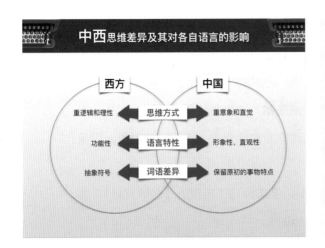

对于一组概念，还可以提取共同要素进行比较，结合外框线、箭头符号等，可以表达出多种关系。

页面的线条和符号在引导视线的同时，能给单调的文字增添更多视觉效果。

在做视觉映射的过程中，最重要的就是最后 PPT 的图像或画面能够从本质上反映特定的概念、信息或关系，这需要教师本身对知识内容在现实世界中的映射有广泛和深入的认识，还需要老师们在设计和制作 PPT 的过程中充分发挥想象力，找到恰当的视觉化表达方式，使知识可视化突破平面、线性文字的表达方式，实现更多维立体的表达效果。

■ 视觉素材的处理

网络虽然给我们提供了海量的视觉素材，但很少能够找到直接合用的素材，常常需要对素材进行一系列的处理，然后才能在 PPT 中使用。这里重点介绍经常会用到的一些素材处理方法，主要是针对图片的抠像、裁剪和重新着色。

在网上找到的图片常常带有背景颜色或图案，如果直接用于 PPT，无关元素会使页面显得很杂乱，风格也不协调。这时需要去除背景，去除无关对象，只保留需要的部分。

大家都知道 PS 软件可以实现这一功能，但其实 PPT 自带的【删除背景】 功能也可以非常快捷、方便地选取想要的局部图像。

如果原始图片是单色背景，比如学校的徽标，那么可以通过设置图片格式，把颜色设置成透明色，直接去掉背景颜色，快速得到想要的对象。

去除背景颜色，能够让图片更好地融入现有画面。
单色背景的去除在 PPT 中可方便实现。

如果原始图片的背景比较复杂，比如人像照片，那么可以通过删除背景的操作，通过标记删除和保留的区域，方便地得到想要的局部人像。

去除复杂的图片背景，能够让画面更聚焦，给文字留下更多美化空间。
复杂背景的去除在 PPT 中可通过标记删除和保留的区域来实现。

有时候，找到的图片可能颜色鲜艳又丰富，和 PPT 现有的风格不协调，对要表达的内容还可能会造成干扰。这时，可以通过对图片重新进行着色，使其和整个 PPT 的风格保持统一。

对图片进行重新着色能够更好地打造 PPT 整体一致的风格。

重新着色会改变整个图片的颜色，如果只需要改变局部的颜色，需要结合前面介绍的提取局部图像的步骤进行。通过分别抽取图片对象，然后分别重新着色，最后再进行叠加或组合，得到想要的效果。

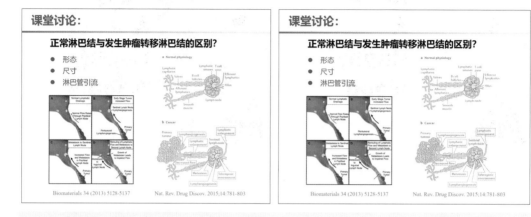

对图片进行局部着色能够更好地突出重点。

为了配合页面效果，常常还需要让图片通过圆形、方形等各种不同的形状呈现出来，同时需要方便地调整图片的大小，并且希望不要在调整的过程中变形。这个时候，可以使用 PPT 形状的图片填充功能，把图片填充到任意形状中，填充

在形状中呈现图片，能够让整个画面更具设计感，得到比较理想的视觉效果。

的时候需要选择将图片平铺为纹理，这样图片才会保持原有的比例，而不会失真。还可以通过设置 XY 刻度，即图片的缩放比例，以及对齐方式来完善填充效果。

有时候，在插入的图片上还要输入一些文字内容。如果图片没有处理，文字内容和图片背景常常很难区分。为了让文字更醒目，与图片背景产生足够的对比，同时也为了图片和页面文字有比较好的融合效果，可以为图片制作遮罩，使得图文更具一体化的效果。

给图片制作遮罩能够让图文更具视觉一体化的效果。

做遮罩可以先在图片的上方插入形状，使形状和图片大小一致，用颜色渐变填充该形状，在需要完整保留图片色彩的一端，设置较高的透明度，在需要用作背景、衬托文字的一端，设置较低的透明度。这样就能得到具有完整图片背景，同时文字信息也比较突出的效果。

使用网上图片用于自己的教学 PPT，可能会涉及版权的问题。如果只作课堂教学资料使用，除非原著者有特别的约定或声明，一般不会构成侵权。但是，如果涉及教学材料出版或外部商业教学，则很可能构成侵权。因此，我们在处理视觉素材的时候可以尽量选择不会产生版权问题的素材。

　　掌握以上视觉素材的处理方法，基本上能够满足制作 PPT 的绝大部分需求。关于视觉素材，值得一提的还有，除了通过网络渠道寻找合适的素材，也可以通过拍摄或手绘的方式，自己制作一些视觉素材，这样的视觉素材完全不会有版权问题，而且还更能贴合实际需要，更能让学生产生亲切感和生动感。

为受众选择视觉强度

对于 PPT 的设计、制作，以及在哪些场合使用它们来配合教学或演讲，作者都会有一些设想。同样的，来听演讲，来观看 PPT 的观众，也带着他们的想法而来。所以，对于不同场合、不同受众的演讲，需要充分考虑观众的需求，使得 PPT 能够提供最适合的视觉强度，适应演讲的情境，更易被观众所接受，实现演讲者最初的目的。

PPT 的信息承载量以及视觉强度的设计第一个需要考虑的是受众的知识储备情况。

对于缺乏知识和经验基础的新手来说，文字符号系统抽象，视觉化的图片、图像，具有图像表征意义的符号、动画等更具体，更利于他们的理解、记忆和学习。而对于有充分的知识和经验基础的学习对象，文字符号能提供更充分的信息，视觉化的东西太多，反而会让他们感觉"不解渴"。

这张 PPT 更适合缺乏知识基础的初学者。对于有一定的知识和经验基础的学习者来说不够解渴。

PPT 的信息承载量以及视觉强度的设计第二个需要考虑的是听众的目的清晰情况。

当听众的目的越清晰，他们对于要听到和看到的内容就会有越明确的期待。

这张 PPT 更适合有一定的知识和经验基础的学习者，更多用文字的方式探讨概念内涵和本质。对于初学者来说可能过于抽象。

演讲人需要让他们听到、想听的东西，如果不能完全做到，至少要回应这种期待。这时，PPT 表达的关键更偏重于核心内容，视觉化的程度也需要配合核心内容进行表现。

当听众的目的性比较模糊，尤其是有些学生不知道为什么要学习这些知识内容时，他们的注意力往往不容易集中。这时，PPT 表达的关键，就更偏向于要产生吸引力，在传播核心内容信息的基础上，还要通过视觉效果，制造一定的视觉刺激，配合演讲，增加更多娱乐和激励的成分。

老师们常常还可能在教学检查等活动中进行公开课教学，在学术会议中发布教学成果，在教学评审活动中进行答辩，等等。这些场合相对常规教学更具有严肃性，听众往往是领导或专业领域人士。在这种比较严肃的场合，可能要尽量压制活泼的视觉设计，排版上要横平竖直，用色上要冷静理智，尽量减少不必要的视觉刺激，使得 PPT 能够呈现出和情境相适应的简洁、稳重感。

网络上海量的图片和影视作品为我们设计 PPT 的视觉效果提供了丰富的素材，PPT 自带的工具为我们增强视觉效果也提供了多条路径，通过设计对象的颜色、形状、尺寸和动画效果，我们能够得到非常具有视觉效果的 PPT 画面，但教学 PPT 不是为了表现作品本身，更多的还是为了辅助教学和演讲。根据受众情况把握好 PPT 的视觉强度，才能更好地实现教学和演讲的初衷。

在面向外部对象进行汇报或答辩等严肃的场合，要压制活泼的视觉设计，体现出和环境相适宜的稳重感。

5

第五章
排版原则

　　排版原则偏重于审美，是任何设计（尤其是平面设计）都通行的原理，并不算是 PPT 独有。审美的提升并没有捷径，需要通过充分的审美实践才能得到发展。

　　众所周知，排版要对齐，但对齐有多少种方式呢？除了对齐原则，我们还可以灵活运用聚拢、重复、留白等原则，使信息的呈现更具美感，排版同时也是对信息主次的一种提示。好的排版能够帮助学习者提高信息获取的效率，对信息展开多层联想，获得更佳的学习体验。

三等分原则

PPT 排版的三等分原则是什么呢？我们先来看两张图片。仔细观察可以发现，同样的元素，不同的呈现比例，对比之下，左边图片的呈现效果却更胜一筹，这是为何呢？如果添加几条辅助线，就能发现左边的图片中重要的元素均放置在交汇点处，创造出了更加聚焦、更富有凝聚力的布局，这便是"三等分"的魅力。

哪张图更符合你的审美？左图的排版更符合三等分的原则，重要的视觉对象正好落在了视觉焦点上，符合三等分的排版原则。

图片是教学 PPT 中高频使用的重要元素，而且每张 PPT 都可将其看作是一张图片，如果将三等分原则应用在 PPT 的排版上，将起到锦上添花的效果。

·知识链接·

【三等分原则】

说起"三等分"，就不得不提经典的"黄金分割法则"。在古希腊时期，数学家毕达哥拉斯发现铁匠打铁的节奏声规律动听，就用数学方式表达了这一声音的比例， 1:0.618，它就是黄金分割，被公认为是最能引起美感的比例。计算黄金分割最简单的方法是计算斐波那契数列，这个数列前两项均为 1，从第 3 项开始，每一项都等于前两项之和，随着数列项数的增加，前一项与后一项之比越来越逼近黄金分割的数值 0.618。在自然界中，向日葵的花瓣数，树木各个年份的枝丫数，都符合斐波那契数列，它具有严格的比例性、艺术性、和谐性，蕴藏着丰富的美学价值。

三等分其实就是由黄金分割演绎而来，其比例与黄金分割比例粗略相近，虽然存在细微差异，但三等分原则的视觉效果也不逊色，最关键的是操作便捷，因此在设计中被广为应用。

了解了三等分的相关原理，如何在美化 PPT 的时候灵活地应用它呢？

三等分是用两条竖线和两条横线将页面等距分割，可以得到四个交叉点，一般将需要重点突出的信息（如标题）放置在任意一个交叉点附近，将图形元素的边界压在三等分线上，即让图片的构图占据三分之一或三分之二画面，以此来强化视觉冲击。

那么，在 PPT 排版中使用三等分原则又有哪些技巧呢？这里介绍三个技巧。

 技巧一

快速构建三等分辅助线

构建三等分辅助线可以使用 PPT 的参考线来完成。

在 PPT 中添加参考线，通常选择视图菜单下的参考线来添加，也可单击右键快捷添加。进一步构建三等分辅助线，通过插入矩形形状，并调整其高度和宽度来实现。一旦画好三等分辅助线， PPT 排版会自动提供智能对齐，方便排版。

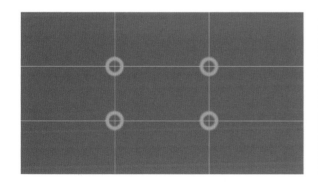

黄圈相当于视觉焦点，可以把重点信息压在黄圈上。相邻的四个矩形构成视觉感知的重点区域，图形元素在此区域内呈现，能帮助观众获得更佳视觉感受。

技巧二

裁剪图片，实现三分构图

图片是 PPT 中重要的素材，一般使用前都会进行美化处理，建议这一处理过程使用三等分构图法。通过裁剪调整图片的长宽比例，使得图片主体占据画面三分之一或三分之二的位置，重要元素如人的头部落在交叉点附近，这样的图片会带来最佳的视觉感受。

通过裁剪调整图片的长宽比例，使得图片主体占据画面三分之一或三分之二的位置，重要元素如人的头部落在交叉点附近，这样的图片会带来最佳的视觉感受。

 技巧三

使用文本框、形状占位快速排版

可以先勾画三个一组的文本框或形状，将其按照三等分原则进行排版，然后再编辑其中的内容，如文字或对每个形状进行图片填充，这样就能快速生成符合三等分原则的页面布局了。需要注意的是，在使用图片填充前要先调整图片长宽比例，使其与占位形状一致，以免图片变形。

可以使用文本框、形状占位，快速实现符合三等分原则的页面布局。

　　总之，三等分原则对 PPT 排版有重要的借鉴意义，无论是图片布局还是文字排版都可以借此大大提升 PPT 的专业性和美感。灵活地使用三等分排版技巧，能够大大提高 PPT 的排版效率。

对齐原则

开始这个话题之前，先来看下面这张 PPT。在这张 PPT 上，页面元素随意摆放，乱糟糟的，不知所云，但将其稍作调整后再看，页面整齐、清爽，视觉舒适感大大增强。

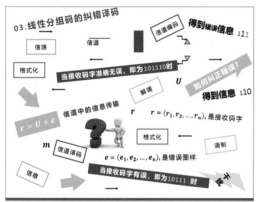 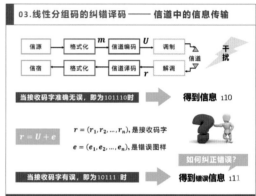

调整对齐可以帮助读者获得舒适的视觉感受。

视觉偏好于看到整齐有序的事物。 PPT 本质上是一种视觉设计，讲究元素的摆放位置，但很多新手在设计 PPT 时只把文本和图片放置在空白处，不会再做任何修饰，显得杂乱无章，很难让人厘清层次，抓住重点。要让 PPT 页面快速变得井然有序、干净利落，"对齐"是最便捷的方式。

·知识链接·

【对齐】

视觉偏好整齐有序的画面，这会给人一种稳定、安全的感觉，而无序、混乱会让人觉得烦躁不安，对齐是达到整齐效果最重要的手段。

对齐有助于提高内容的易读性，因为对齐的布局符合人类眼球的运动规律。人们习惯的阅读方式是从左至右、从上至下，设计领域据此总结出两种阅读布局模式：F型布局模式和Z型布局模式，这两种布局都能够引导读者视线自然移动，而且这两种布局模式都是左对齐，便于读者快速找到阅读起点。

　　对齐的根本目的是让页面统一。将页面元素参照某条有形或无形的线进行对齐，会得到一个更加内聚的视觉单元。即使对齐的元素在物理位置上是分离的，读者也能够知觉到有一条看不见的线将对齐的内容联系在一起。

对齐传达出稳定的感觉，让页面内容更统一、更内聚，能更有序地引导读者的视线。

　　在 PPT 制作中，最常用的对齐方式有左对齐、水平居中、右对齐、顶端对齐、垂直居中和底端对齐这六种。无论采用哪一种，在对齐之前首先要确定基准线，然后再将所有元素沿基准线统一对齐。

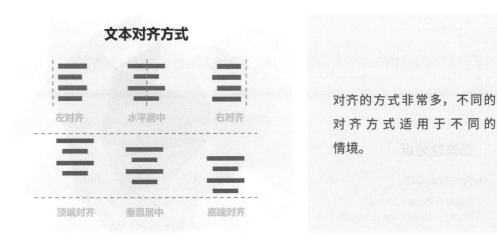

对齐的方式非常多，不同的对齐方式适用于不同的情境。

　　在 PPT 排版时如何灵活使用这些对齐方式呢？下面介绍三个对齐排版的技巧。

技巧一
尽量用同一种对齐方式

对齐原则的第一个技巧是，在一个 PPT 页面里，尽量用同一种对齐方式。如果页面元素少，这个策略不难实现。

如果页面元素较多，构图比较复杂，那么应该至少确保每个视觉单元里的元素按照同一种方式对齐，而视觉单元之间尽量遵循同种方式对齐。

当页面中需要对齐的元素非常多的时候，保证每个视觉单元里的元素按照同一种方式对齐。

对于包含文字尤其是文字较多的情况，建议优先使用左对齐，这样会更符合阅读习惯。

整体性分析

相关商品市场

需求替代：消费者买别的东西
供给替代：别的商家来提供这个东西

相关地域市场

需求替代：消费者去别的区域买东西
供给替代：供给商来这个区域供货

文字较多的时候，可以优先使用左对齐，这样更符合从左往右的阅读习惯。

居中对齐一般更适用于上下布局的时候使用，而且有营造活泼氛围的作用。

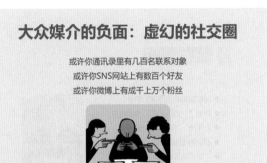

上下布局适于使用居中对齐，居中对齐还能营造活泼的氛围。

技巧二

修整页面元素

对齐原则的第二个技巧是，修整页面元素，使其形状规则，大小统一，以便降低对齐操作的难度。比如将图片、文本框调整成等宽或等高，甚至裁剪成完全相同的大小，都能使对齐变得更容易。

图片的对齐最好先调整图片的大小，使其大小一致后再对齐。

对于有些形状不规则或尺寸差别太大的元素，可以通过添加边框或填充背景，将其强制修改成合适尺寸的形状，以便对齐。

对于形状不规则的图片，可以通过添加边框或填充背景，修改成合适的尺寸后再对齐。

 技巧三

间距对齐

对齐原则的第三个技巧是间距对齐。对齐并不仅仅局限于页面元素向基准线

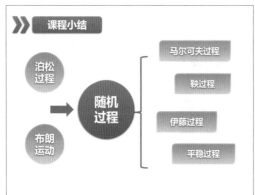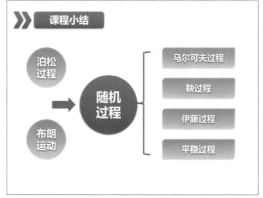

在图表中，视觉单元内的一组对象通过保持一致的间距来营造和谐的视觉感。

的工整排列，文本段落、图片、形状之间的距离也要尽量对齐。可以利用【智能对齐向导】 功能直接移动页面元素来调整它们之间的距离，也可以使用对齐菜单下的横向或纵向分布来快速地调整间距。

另外，页面元素与 PPT 四周页面边界的距离也是可以对齐的。

总而言之，任何元素都不能在 PPT 页面上随意安放，要让页面上的所有元素看上去统一且彼此相关，就应当创造页面内容的视觉关联，对齐的操作方式可以形成视觉纽带，让人看着既舒服又明白。

聚拢原则

在生活中，我们习惯于将事物进行分类，并通过摆放的位置来体现这一分类。例如： 超市中整齐有序的货物架、图书馆不同科目的分区，以及家里放置不同类别物品的抽屉等。

聚拢能够营造事物的类属感，为人们做出选择提供隐性参考信息。

把相关的东西尽量聚拢到一起，无关的分开，目的是让事物之间通过位置来建立关联，人们在记忆和寻找事物时便有了清晰的规律和逻辑可以遵循。这种聚拢的现象对于 PPT 的排版有重要的启示，尤其是当 PPT 页面呈现的信息较多时，更需要利用聚拢原则来处理信息之间的逻辑关联。

· 知识链接 ·

【聚拢】

聚拢是一个空间概念，指在同一空间内，事物在物理位置上的接近也就意味着它们之间存在关联，因此人们习惯于将相关事物组织在一起，使得它们的物理位置相互靠近，这样一来，相关的事物将会被看作自成一体的一个组，而不再是彼此无关、杂乱无章的碎物。其实这种有意建立亲密性的做法背后潜藏着视觉规律，当把相关事物归为一组时，视觉会自然地将这些事物知觉为一个整体，即它们属于一个视觉单元，而不是孤立的元素。

这种视觉的非条件反射传递给我们一个信息，相关元素的聚拢，有利于读者更快速地阅读内容，并理解元素之间的逻辑关联。

把相关事物从空间位置上聚拢，能够给它们建立亲密的位置关系，帮助人们更快地理解它们的关系或逻辑关联。

那么，在美化 PPT 的时候该如何应用聚拢原则呢？这里介绍三个技巧。

技巧一

调整段落间距

第一个技巧是，通过不同的段落间距来体现内容之间的关联，相关内容汇聚在一个段落中，段间距应该大于段内的行距，才能实现不同段落之间的区隔。

修改前	修改后

和前一张 PPT 相比，后一张 PPT 加大了每个小点之间的段落间距，使得每个小点之间的区分更明显，同时，同一小点每行的行距减少了，使得小点中的内容形成更凝聚的视觉单元。

技巧二
使用线条

第二个技巧是使用线条来给不同的视觉单元做出区隔。一种方式是插入线条，再根据需求在格式中设置线条的轮廓、颜色。另一种方式是插入矩形形状，通过拉伸调整形状和填充颜色形成线条。线条也可与项目符号搭配使用，使得样式更美观。

主要参数

I_H：维持电流
在规定的环境和控制极断路时，晶闸管维持导通状态所必须的最小电流。

U_F：通态平均电压（管压降）
在规定的条件下，通过正弦半波平均电流时，晶闸管阳、阴极间的电压平均值。

U_G、I_G：控制极触发电压和电流
室温下，阳极电压为直流6V时，使晶闸管完全导通所必须的最小控制极直流电压、电流。

修改前

主要参数

I_H：维持电流
在规定的环境和控制极断路时，晶闸管维持导通状态所必须的最小电流。

U_F：通态平均电压（管压降）
在规定的条件下，通过正弦半波平均电流时，晶闸管阳、阴极间的电压平均值。

U_G、I_G：控制极触发电压和电流
室温下，阳极电压为直流6V时，使晶闸管完全导通所必须的最小控制极直流电压、电流。

修改后

和前一张 PPT 相比，后一张 PPT 使用线条和项目符号，在每个小点之间设置出区隔，这使得小点之间的区分更明显，同时线条和项目符号的使用使每小点标题内容更突出。

技巧三
借助形状框

第三个技巧是借助形状框来传递逻辑。使用文本框或形状将属于同一个视觉单元的信息框起来，填充一致的底纹或颜色，当需要表达不同项之间的逻辑关系时，可通过调整形状框的大小、底纹或颜色来实现。这样做既能突出重点，又可达到简洁美观的效果。

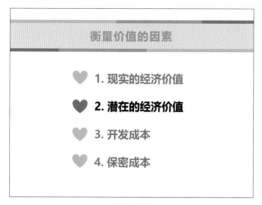

修改前　　　　　　　　　　　　　修改后

和前一张 PPT 相比，后一张 PPT 使用方形将信息框起来，并且设置了背景颜色，加上背景色扩展了文字的视觉区域，更容易得到观众的注意，同时有形的方框使得每条信息在方框中聚拢，信息间的区分更明显。

　　在美化 PPT 时，利用聚拢原理，将信息组织到多个视觉单元中，使 PPT 页面结构分明、条理清晰，传递出内容内在的逻辑，更有利于学习者的阅读、理解和记忆。

重复原则

"重要的事情说三遍"，反复的语音信息，能够突出想要重点表达的内容。同样的道理，对于可视元素而言，重复的视觉元素也能增强刺激，得到观众更多的关注。

重复还能带来美的视觉效果和良好的视觉体验，如街边的路灯、齐刷刷的小树林、美丽的油菜花田，都是同一元素重复多次。从视觉体验的角度看，这种一致性让人觉得舒适、美观。同时，视觉元素重复还是一种风格的统一，能够带来协调、舒畅的视觉感受。

视觉元素的重复能够带来良好的视觉体验。

在 PPT 制作中，重复原则的应用也很广泛，尤其是文字编辑和排版设计，经常需要利用重复元素在页面之间建立一种连续性，使分散的 PPT 页面形成更好的整体感。

重复的元素可以进行选择或设计，可能是某种字体、某种线条、某个项目符号、某种颜色、某种风格或某种空间关系等。如何将重复应用得高级？这就需要把无意的重复变为有意，利用重复将一系列元素从视觉上系为一体。

在美化 PPT 的过程中，重复不仅意味着页面元素在不同页面的多次出现，也体现在页面风格的重复强调。那么，如何在 PPT 中用好重复原则呢？这里介绍几种思路。

思路一

页面元素的重复

第一种思路是对页面中的元素进行重复。

PPT 页面中出现最多的元素就是文字，因此对文字样式进行重复是最常用的操作。可以加以重复的样式包括：字体、字色、大小、粗斜体等。例如：对于同等级的标题用相同的样式，而正文又用另一种统一的样式，就能创造出简单的一致性。用格式刷的功能能方便地进行批量操作，提高效率。

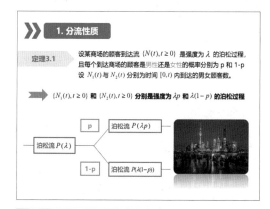

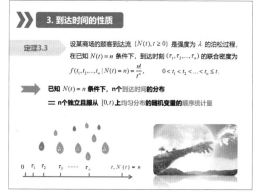

页面风格的重复可以通过统一重要页面元素的版式来实现，在这几张 PPT 中，你能找到哪些重复版式？除了标题版式、图片版式外，还有什么？

除了文字，还可以利用形状和文本框的样式，打造重复的页面元素。这些元素重复时不一定要完全相同，只需要在样式风格上存在明确的一致性，就能带来重复的注目感和美感。

此外，页面的配色，尤其是背景颜色或图案，也可以作为重复的页面元素，使得一些页面能够表现出相同的视觉风格，带来视觉的凝聚感和美感。

使用同样的配色方案，同类图片，即使版式有所区别，同样也能打造具有重复感的页面风格。

 思路二
页面风格的重复

第二种思路是对页面风格进行重复。对于多张 PPT 而言，保持一致的排版、风格十分重要。如果每张 PPT 都使用不同的版式，整体就会显得杂乱无章。因此，多页面排版时，要注意页面设计的一致性和连贯性。最便捷的方式是使用

【母版】 功能，为一些经常用到的页面风格创建专属版式。可以把每页都需要重复显示的元素（如学校 LOGO）放在其中，也可以用占位符将文本框、图表等会在页面上经常出现的元素的位置固定下来，还可以进一步对这些占位符设置统一的字体、颜色、大小等样式。

在制作 PPT 的时候，只需要根据设想的内容和页面风格选择事先设计好的相应版式，就能快速统一制作风格，排版出整齐的页面，打造浑然一体的 PPT 作品。

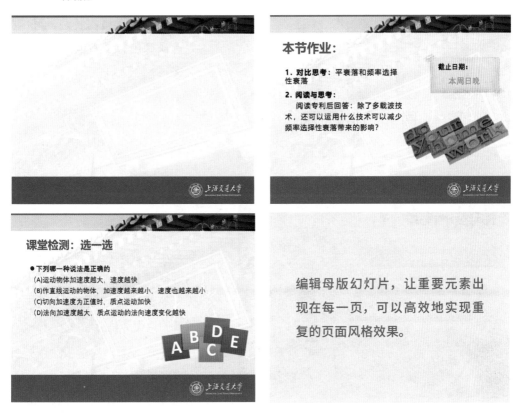

 思路三

学科、学校视觉特性的重复

第三种思路是，对学科视觉特性或学校视觉识别系统进行呼应。

不同的课程从属不同的学科门类，因此会在色彩、标志性图案等视觉符号上打上学科的烙印。例如： 农业、环境类的 PPT，采用象征植物生命的绿色调就能更好地突出学科特性；而对于法律类的 PPT，用黄褐色背景，辅以法槌、天平等特色鲜明的图案，也能使得页面风格与主题相得益彰。

结合环境类学科的特色，可以选择绿色打造重复的页面风格。

结合法学类学科的特色，可以选择黄褐色，以及法槌、天平等法律象征图案，打造重复的页面风格。

学校可能也有成熟的视觉识别系统，对学校名称、校徽、配色等视觉符号进行了明确的定义，如果在教学 PPT 中直接沿用这些视觉符号，就可以自然而然地向受众传递出学校独特的风格和气息，将教学与学校的文化关联在一起。

　　总之，重复是让 PPT 排版有力度、有秩序非常有效的一个办法，它能够对分散的 PPT 页面起到有力的连接作用，增加统一性，增强视觉效果。当然，也要避免过多地重复同一元素，因为重复太多容易使人厌倦。

留白原则

中国人推崇谦逊克制，讲究"盈满则溢"，凡事留有余地，因而中国美学疏而不空，满而不溢。这一美学思想在很多领域都有体现，如画家创作时会留有一定篇幅的空白，电影结束时会给一个空白镜头，徽派建筑中古雅的留白等，这些都说明留白蕴含着丰富的美学价值。对于 PPT 而言，也是同样的道理，页面空间有限，如果堆积过多的元素，既会影响观众的视觉审美，也会引起阅读疲劳，因此合理留白在 PPT 排版时就显得很重要。

大幅的留白是画面产生意境和美感的重要来源。

追溯源头，留白是从中国传统水墨画传承而来的一种创作手法。

采用留白就是以"空白"为载体进而渲染出意境美的艺术。所谓"空白"，不一定是白色，图案、色彩、纹理背景都可以被称为留白。它强调在艺术创作中，要从整体着眼，合理安排物象的布局。不需要将整个篇幅填满物象，而是要恰当地留有空白，给人以更加丰富的想象空间，达到以无胜有的效果。

同时，从实际应用的角度看，留白更多是为了体现一种简单、宁静心境的视觉效果。若构图太满、物象过多，会让人产生压迫感、压抑感，因此需要适当留白，使得画面构图简洁、和谐，同时恰当的留白也能很自然地突出主体地位，营造意境。

想让 PPT 排版提升一个档次，"留白"是非常实用的方法。在这方面可能很多人存在误区，认为留白就是让页面内容变少，空闲面积变大。其实不然，留白是很讲究技巧与手法的，这里简单介绍几个美化 PPT 的留白策略。

 策略一

减少元素数量、精简文字

第一个策略是减少元素数量、精简文字。页面呈现的元素种类要尽可能少，包括颜色、形状、对齐方式等，页面存在的元素越少，那么剩下的元素就显得越重要。关于文字，越凝练越好，最好是能用短句来阐述，文字过多，不易抓住重点，也增加了认知负荷。

与前一张 PPT 相比，后一张 PPT 减少了页面呈现的内容，保留了更多页面留白，帮助学生聚焦于筛选过的信息，减轻学生的阅读认知负载。
但减轻阅读认知负载并不意味着让学生学习更少的内容，没有呈现的信息可能需要通过教师的课堂讲授或其他学习活动来获得。

 策略二

少用居中对齐

第二个策略是尽可能少使用居中对齐。页面元素较多时，进行左对齐或右对齐，这两种对齐方式能够使元素分布密度高的部分和密度低的部分产生对比，凸显页面的层次感，一侧对齐了，另一侧自然就留白了。

将居中对齐改为靠左对齐，分散的留白就会变得更集中，留白区域的面积会增大。

当页面元素较少时，居中放置，上下左右的留白区域均等，不妨将元素往角落位置移动一点，增加其他区域的留白面积，会让排版更加富有空间感，方便其他元素的编排。

页面元素不居中放置，而是偏向角落位置，也是制造留白的一种方式。

 策略三

使用图片

第三个策略是使用图片来实现留白，引导受众。图片之所以利于留白是因为相较于抽象的文字符号信息，图片更具体，可以降低受众的抽象思维强度，对受众来说接受信息的难度较低。

为了达成这点，需要保持所用图片尽量简洁，尤其是对于背景构图过于复杂的图片，可以通过删除背景来增强留白区域。

前一张 PPT 的视觉焦点更多落在背景图上，后一张 PPT 的视觉焦点更多落在文字上。这和两张 PPT 的排版有关，也和它们对图片的不同使用有关。

图形本身具有更能吸引视觉的特性，前一张 PPT 背景图大且图片元素复杂，会加强视觉对图片的滞留；后一张 PPT 的图片去除了背景，突出了其留白的功效，而且文字排版在前，使得视觉焦点更易落在文字上。

第四个策略是利用三等分原则来定位留白的区域。留白的关键在于提升页面的美感，困惑往往在于怎么选择留白的区域。建议使用三等分原则，比较常用的是通过构建九宫格来定位和布局。

可以结合三等分的排版原则来定位留白区域，使 PPT 承载内容的主体占据画面三分之一或三分之二的区域。

　　留白对于 PPT 版面的美化有着重要的意义，它能够让页面简洁、美观，凸显层次感和空间感，更重要的是会明显减轻观众的视觉负担，使得主体内容更聚焦。在实际应用中，在哪里留白更重要，要以构建美观、和谐的版面为首要原则，同时尽可能突出页面重要元素。

6

第六章
用色原则

　　用色原则偏向于审美，是任何设计（尤其是平面设计）都通行的原理，并不算是PPT独有。审美的提升并没有捷径，需要通过充分的审美实践才能得到发展。本章从更深层次阐释为何这些用色原则能给人带来美感、舒适感，帮助有需要的读者从更加基本的层面，自己定制独特而富有美感的PPT版式和色彩，给作品打上更多个性化的烙印。

■ 用色两大误区

很多人认为，做 PPT 最难的或许就是配色了。颜色选好了，能够大大提升 PPT 的整体美感，也能带来更强烈的视觉冲击，而一旦颜色使用不当，往往会让受众产生粗糙、低级的感觉。教师在做教学 PPT 的过程中往往是"内容好定，颜色难选"，因为这归根结底考验的是个人的审美功底。

在 PPT 用色方面最常遇到的一个误区就是用太多不同的颜色。就像下面这张 PPT，用了太多的颜色，使得画面整体显得杂乱，很难让受众产生愉悦的视觉体验。

使用过多的颜色让人眼花缭乱，难以带来舒适的视觉体验，不利于形成统一的页面风格。

避免色彩杂乱的第一个策略就是减少颜色。选用的颜色越少，搭配出现不协调和混乱的可能性就越小，制作时操作难度也会减小。对于一般的 PPT 制作而言，建议使用的色系不要超过三种。

控制色彩数量的第二个策略是"活用明暗"。使用同一个颜色的不同明暗，会使得颜色的选择更丰富。 PPT 的主题色板默认就对配色方案中的任何颜色都额外提供一组不同明暗的颜色。这些颜色是该配色与不同比例的黑色、白色相调和而形成的，属于同一个色系。使用一个色系的颜色既不会增加颜色的种类，又能丰富 PPT 的色彩层次。

水质的指标

溶解氧
DO: dissolved oxygen

 化学需氧量
COD: chemical oxygen demand

生物化学需氧量
BOD: biochemical oxygen demand

总有机碳
TOC: total organic carbon

pH值
pH value

硬 硬度
Hardness of water

减少使用的颜色，可以使颜色的搭配更协调。

水质的指标

溶解氧
DO: dissolved oxygen

 化学需氧量
COD: chemical oxygen demand

生物化学需氧量
BOD: biochemical oxygen demand

总有机碳
TOC: total organic carbon

pH值
pH value

 硬度
Hardness of water

使用一个颜色的不同明暗，可以打造富有层次感的页面。

水质的指标

溶解氧
DO: dissolved oxygen

 化学需氧量
COD: chemical oxygen demand

生物化学需氧量
BOD: biochemical oxygen demand

总有机碳
TOC: total organic carbon

pH值
pH value

 硬度
Hardness of water

搭配黑、白、灰，使用一个颜色，能够减少色彩的刺激感，打造淡雅、高级的效果。

　　避免颜色杂乱还有一种方法是"利用好无色系的颜色"。黑、白、灰三种颜色属于无色系的颜色，能够很好地和其他颜色搭配。黑、白、灰三色没有有色成分，使用它们可以减少鲜艳的色彩给视觉带来的刺激感。

　　PPT 用色另外一个常遇到的误区是：背景和前景文字的颜色对比不强烈，要表达的内容不突出。就像下面这两张样例 PPT，文字颜色与背景颜色相差过小，导致文字看不清，影响信息的接收。

文字的颜色和背景的颜色过于接近或对比不够强烈会影响呈现的效果。

　　解决颜色对比不强烈最简单的办法就是：修改背景和前景文字的颜色，避免

修改文字或背景的颜色，增加颜色的反差，可以增强呈现的效果。

背景和前景使用过于相似和接近的颜色。

增强用色对比的第二个策略是：避免颜色变化过多的复杂背景。尤其是画面颜色丰富的照片或渐变色块，可能都不适合做大面积的背景。如果一定要使用，也应该考虑对图片进行着色处理，降低图片中颜色的反差。

> 方国珍……入海为乱，劫掠漕运粮，执海道千户德流于实。事闻，诏江浙参政朵儿只班总舟师捕之，追至福州五虎门，国珍知事危，焚舟将遁，官军自相惊溃，朵儿只班遂被执。国珍迫其上招降之状，朝廷从之，国珍兄弟皆授之以官，国珍不肯赴，势益暴横。（《元史》）

对图片进行着色处理，降低图片中颜色的反差，增加文字和背景颜色的反差，可以增强呈现的效果。

避免文字和背景对比不够强烈需要额外注意的一点是：避免使用过于鲜艳、明亮炫酷的颜色作为背景。这类颜色带来的视觉刺激很强烈，如果用作大面积的

过于明亮、鲜艳的颜色不宜做 PPT 的背景，饱和度低的颜色做背景会更好。

背景，不但不能突出内容，反而还会分散受众注意力。而饱和度低的背景往往可以更好地突出 PPT 演示内容。

　　总之，想要提升 PPT 用色的专业感，归根结底需要控制使用色系的数量，并且挑选能够烘托内容的颜色来作背景或前景，这样才能让色彩更好地为 PPT 演示服务。

相邻色与对比色

制作 PPT 一定要知道一些关于色彩的基本常识，以及在 PPT 中使用颜色的一些重要策略。

色彩对人们日常生活衣、食、住、行的重要性是显而易见的。视觉对色彩的敏感产生了人的色彩审美意识，正如马克思所说，"色彩的感觉是一般美感中最大众化的形式"。好的用色能引起我们共同的审美愉悦，直接影响情感。那么色彩究竟有什么特性？人为什么能形成色彩视觉呢？

📚 ·知识链接·

【色彩】

人的肉眼只能够看到特定波段之间的可见光，并且不同波长的光具有不同的颜色。波长从 780 纳米递减到 380 纳米，光的颜色依次为红、橙、黄、绿、青、蓝、紫。色彩理论把用于确切地表示某种颜色的名称叫作色相，把可见光谱的这些色相依次排列在一个圆环上，并使其首尾衔接，就构成了色相环。色相环上任何一种颜色都可以用其相邻两侧的两种单色光，甚至可以从次近邻的两种单色光混合出来。而通过红、绿、蓝光的三原色按照不同比例和强度混合呈现，能够形成自然界所有色彩变化。

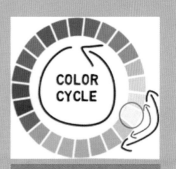

色相环上任何一种颜色都可以用其相邻两侧的两种单色光，甚至可以从次近邻的两种单色光混合出来。

对于任何一种颜色而言，除了色相以外还有两个重要属性，一个叫作饱和度，指颜色中含有色成分的比例；另一个叫作明度，指色彩的明亮程度。不同的色相、饱和度和明度构成了千变万化的色彩，为我们设计和使用颜色提供了灵活多样的选择。

PPT 软件提供了方便、简洁的选择和调配颜色的工具，可以在类似色相环的标准色板里选择颜色，也可以在自定义颜色里通过上下拖动十字光标来增强或降低饱和度，还可以通过上下拖动三角光标来增强或降低明度。

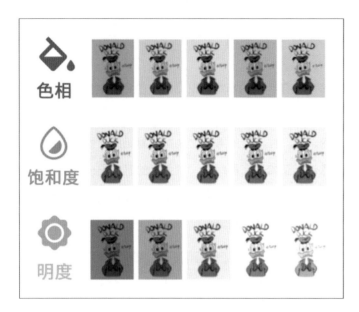

调整视觉对象的不同
颜色属性，可以得到
不同的视觉效果。

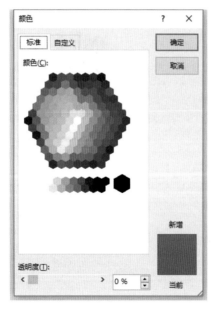

PPT 软件可以方便地选择标
准色，也可以自己定制颜色。

要想有好的效果，会选用颜色只是基础，关键还要会颜色搭配使用的基本方
法。这里给大家介绍两种常用的配色策略。

策略一

用互补色体现重点

第一种配色的策略是，用互补色体现重点。互补色是指色环上那些呈 180° 角的颜色，比如蓝色和橙色、红色和绿色、黄色和紫色等。

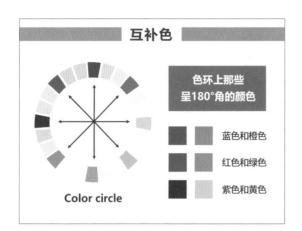

色环上那些呈 180° 角的颜色是互补色，比如蓝色和橙色、红色和绿色、黄色和紫色等。

互补色有非常强烈的对比度，在颜色饱和度很高的情况下，可以形成十分震撼的视觉效果。

饱和度很高的互补色适于打造风格强烈的 PPT。

有时，也可以选定两对互补色，形成双互补色的用色方案，这样的好处是用来形成强烈对比的颜色多了一组，选择余地更大。

饱和度很高的双互补色在打造风格强烈的 PPT 时，可以提供更多颜色选择。

 策略二

用相似色表达风格

第二种配色的策略是，用相似色表达风格。相似色是指在色轮上相邻的三个颜色。

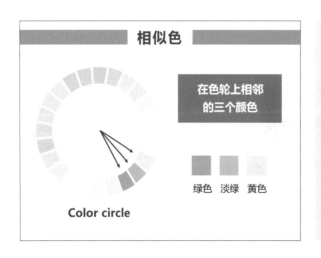

在色轮上相邻的三个颜色称为相似色，相似色能方便地用于打造色彩风格。

相似色是选择相近颜色时十分不错的方法，可以在同一个色调中制造丰富的质感和层次。一些很好的色彩组合有蓝绿色、蓝色和蓝紫色，还有黄绿色、黄色和橘黄色。

黄绿色、黄色和橘黄色的色彩组合给人带来清新活泼的视觉感受。

使用单一种颜色的不同明度，也能够起到表达风格的作用。

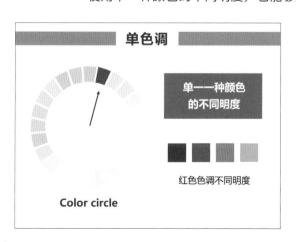

使用单一种颜色的不同明度
能方便地用于打造单色调的
页面风格。

　　因为使用的颜色更少，所以制作起来比较省时省力，配色不容易错乱，整体的画面比较简洁，容易显现出专业感，风格也会更加突出。不足之处在于，因为可选的颜色限定在同一色系，色彩不丰富，很容易让画面整体变得单调。

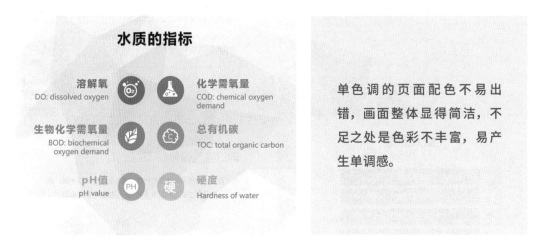

　　单色调的页面配色不易出错，画面整体显得简洁，不足之处是色彩不丰富，易产生单调感。

　　总体上，只要明白了颜色的基本属性和特性，并能牢记"用互补色体现重点"和"用相似色表达风格"这两种用色策略，就能为 PPT 增色添彩。

配色方案

PPT 视觉效果的好坏，除了有赖于排版的水准，还取决于色彩的搭配。配色能够表现美，能够让观众直接感觉到色彩美；还能通过特别的色调唤起观众的视觉经验，暗示演讲主题和基调。在 PPT 中使用配色方案，可以提升 PPT 用色的效率。

每一个 PPT 都包含了至少一种特有的配色方案。想要直观地查看或是修改 PPT 的配色方案，可以在【设计】菜单下进行。仔细查看一个配色方案的结构，可以发现它包括了两组供前景文字和背景选用的具有高对比度的主、副色，以及多达六种的辅助色。另外，因为 PPT 中可以添加超链接，所以其实还提供了两个超链接专用的颜色。

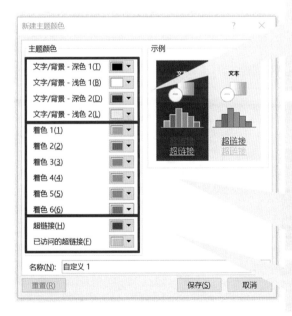

页面使用的主要色彩，用于页面背景和文字。一般保留黑色和白色作为一组前景背景色，确保任何时候由白到黑的一组灰度颜色总会出现在色板里。

页面小面积使用的辅助颜色，用于其他元素的点缀配色。有一点需要注意：将主要使用的颜色放在【着色】的位置，而不是前景【文字】和【背景】的位置，因为前景背景色不会出现在表格、图表样式中。

PPT页面中如果有超链接，就会使用配色方案中的这两种颜色显示。

在开始设计自己的教学 PPT 时，需要先确定采用哪个配色方案，并且在 PPT 里进行颜色配置。一旦完成颜色设置，在形状样式、字体颜色、表格样式和 Smartart 样式等使用色彩的地方，PPT 页面会自动更新成新的配色方案的颜色。值得注意的一点是：同一个颜色的不同亮度会自动添加在颜色列表中，这样在使用单色系颜色时可以非常方便地直接选用。

对于 Smartart 来说，因为其中的并列元素数量往往不固定，所以颜色分配的情况更复杂，好在 PPT 软件提供了四种内置的配色方式。

第一种是直接使用某一种来作单色填充。

第二种是在选定的单色上调整透明度或亮度渐变。

第三种是用多种辅助色来循环填充。

最后一种是在两种辅助色之间渐变填充。

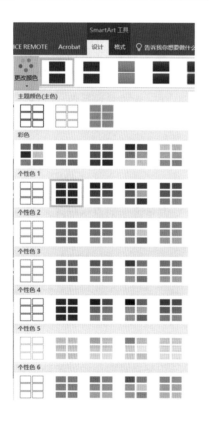

根据内容传达的需求及审美偏好，选用一种配色方案填充即可。

PPT 软件自带多种配色方案，方便选择和更换。使用配色方案来选色比直接指定颜色有一个很重要的便利，即一旦整个配色方案做了修改，所有配色方案内的颜色都会相应地自动更改，这也是为什么有时候我们复制别人的 PPT 页面到自己的 PPT 时颜色会自动改变的原因。如果想强制沿用原有的页面配色，需要在粘贴的时候选择【保留源格式】，这样两种配色方案就共存在一个 PPT 里面了。

如果要打造自己的配色方案，可以从配色工具中自己选色生成，也可以从其他地方找来一组配色。如果老师们所在的学校有专门设定的视觉形象识别系统，那应该是做 PPT 时优先选择的配色方案，因为这会让 PPT 在教学或学术会议中更好地与学校形象相呼应。

不同的课程从属不同的学科门类，因此会在色彩、标志性图案等视觉符号上打上学科的烙印。结合学科的特色，可以选择恰当的配色，打造符合学科属性的页面风格。

结合环境类学科的特色，可以选择绿色打造页面风格。

将学校名称、校徽、配色等成熟的视觉识别系统融入 PPT 的整体配色中，能够向受众传递出学校独特的风格和气息。

看看下面的 PPT 改换了配色之后是不是完全换了一个样子？

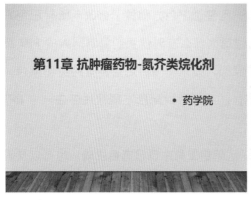

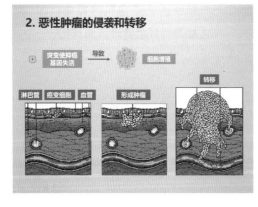

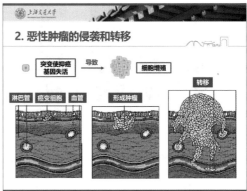

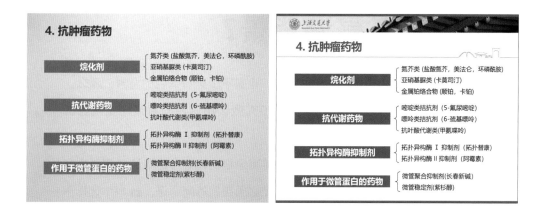

　　总之，通过选择或自定义配色方案，可以让 PPT 的颜色风格统一，更具美感，同时提升制作时颜色选择的效率。

浅背景还是深背景?

在教学中,有很多 PPT 选择浅色的背景,也有不少选择深色的背景,那么,两种背景色的效果是否有差异呢? 教学 PPT 究竟该用深色的背景还是浅色的背景?

PPT 背景颜色的选择体现了教师个人审美和风格的偏好,这也造成实践中各种颜色的 PPT 背景都有着广泛的应用。但一个必须正视的问题是,当 PPT 选择不同颜色的背景时,受众能接受到的信息的清晰程度是不一样的。在不考虑颜色偏好的前提下,有些颜色用作 PPT 背景可能更利于得到好的演示效果。

那么,究竟是什么因素决定受众能否看清 PPT 呈现的信息呢? 这就需要说到对比度的概念了。

·知识链接·

【对比度】

对比度在色彩学里指的就是明暗度,色彩学里有"十一级灰度"的概念,把视觉感觉最明亮的纯白定为 0 度,把视觉感觉最暗、一点光也没有的纯黑定为 10 度,这样就有了一个十一级灰度表。对比度指的是画面中明暗区域最亮的白和最暗的黑之间,不同亮度层级的测量,差异范围越大代表对比越大,差异范围越小代表对比越小。对比度对视觉效果的影响非常关键,一般来说,对比度越大,图像越清晰醒目,色彩也越鲜明艳丽;而对比度小,则会让整个画面都灰蒙蒙的。

那么,对于 PPT 来说,对比度高好还是低好呢? 一般情况下,对比度大意味着更大的视觉强度,提高对比度能够有效强化展示效果,使信息相较于其背景而言更突出,内容就更容易被受众清晰地接收到。

一般情况下,对比度大意味着更大的视觉强度,提高对比度能够有效强化展示效果。

眼睛能否看清楚取决于最亮和最暗，也就是黑白的对比强烈程度。由此我们可以得到一个重要的推断：当 PPT 采用白底黑字或黑底白字时，对比度最大。如果选择亮度较大的类白浅色作为背景，配之以黑色前景，或者选择亮度较小的类黑深色背景和白色前景搭配，都能够获得较高的对比度。

有的人会说，白底黑字和黑底白字在清晰度的效果上好像还是会有所不同。比如：我们可能都有类似的经验，手机在昏暗室内时黑底白字看着更舒服，而在光照充分的户外时白底黑字却更清晰。这又是为什么呢？

因为对比度除了受 PPT 配色选择的影响之外，也跟使用场地的光照环境和投影设备息息相关。常规教学的当然场所——教室，一般都会出于利于学生学习考虑，安排充足的光照，无论是大面积窗户带入的自然光，还是无影照明灯组投射的人造光，都会使得整个教室环境变亮。

教室一般光照充分，空间明亮，这一特性会使得投射出来的 PPT 深色部分的灰度不如实际的灰度，深色的程度会变浅，整体的颜色对比度会在很大程度上被削弱。

这使得教室里的手写黑板、PPT 投影等显现出的黑色显得不再那么黑，进而降低了对比度。此外，PPT 采用的投影设备的不同会使得投射出的亮度有显著不同。如果通过投影仪播放，就必须考虑到投影仪的常见病——灯泡老化。在投影光源亮度不足的情况下，整体的对比度也会下降。

一般提高对比度，无非从两个方面着手。要么控制环境的其他光源以确保黑色画面更黑，要么通过光照提高白色画面的亮度。

要想让黑色更黑，常见的做法是减少教室里除 PPT 投影以外的其他光照，如拉窗帘减少室外自然光，关闭顶灯减少人造光等。这样教室就会从一个明室往一个类似电影院的暗室变化。身处暗室几乎没有额外的光源，这时候黑色显得很黑。采用这种方式提高对比度的代价是，暗室缺乏光照，会不利于学习。课堂教学中这种方法需慎重选用，一般不建议采用。

这张 PPT 的文字是白色的，背景是深色的，但是深色的显示效果并不好，这时可以考虑拉上窗帘，或是关闭照明灯，减少额外光源，使黑色的部分更黑，增强对比度。

而要想让白色更白，需要提高白色画面亮度。调换具有更高亮度的 PPT 投影设备是能从根本上解决问题的技术路线。随着技术的发展，现在像 LED 屏幕、高流明的投影仪等具备更高亮度的投影设备越来越普及。问题可能在于，很多时候教师无法决定 PPT 的演示设备。

浅色背景的 PPT 更适宜于在明亮的场景中放映，外部光源使白色的背景更白，基本不会削弱 PPT 原有的颜色对比度。

这种情况下， PPT 使用浅色背景是一种教师可以掌控的提升对比度的策略。当使用类白色作为 PPT 背景时，投影出的绝大部分区域就会是较高亮度的白光，类似房间开了更多的灯一样，使得白色画面亮度得到了提升，整体的对比度进而增强。

　　总之，如果 PPT 演示现场光线很好或较亮，宜使用浅色背景配深色前景；如果现场光线不好或较暗，宜使用深色背景配浅色前景，这样出来的效果才不至于大打折扣。在明亮的教室，推荐优先选用类白的浅色作为 PPT 的背景。

附录 1

视觉素材资源网站

1. 千图网

千图网是一个比较全面的资源库，里面的 icon 非常多，当需要精准搜索时就要花比较多的精力。而且，从这里下载的 icon 一般要用 AI 或者 PS 打开再导入到 PPT 里面，如果不是的话只能下载不能修改颜色的 PNG 格式。

网址： https:///www. 58pic. com/

2. 包图网

包图网和千图网类似，但是更年轻、更时尚。主要提供图片、视频、音频、 psd 源文件等形式的素材，绝大部分素材都需要注册会员才能下载。

网址： https://ibaotu. com/

3. 站酷素材网

站酷聚集了中国绝大部分的专业设计师，日上传原创作品 6 000 余张，是中国设计创意行业访问量最大、最受设计师喜爱的大型社区。

网址： http://www. hellorf. com/

4. 站长素材网

站长素材提供各类设计素材的下载，包括图片、网页模板、图标、酷站欣赏、 QQ 表情、矢量素材、 PSD 分层素材、音效、桌面壁纸、网页素材等等。资源丰富，更新及时，特色是专题素材下载。

网址： http://sc. chinaz. com/

5. Unsplash

Unsplash 是一个免费提供高质量照片的网站。照片都是真实的摄影作品，有很高的分辨率。图片素材主要包括人物类、自然类和生活类。清新的生活气息图片，可以作为桌面壁纸，也可以应用于各种需要的环境，非常值得收藏。

网址：www. unsplash. com

6. Pixabay

Pixabay 是一个免费的、共享版权的网站，素材丰富，共有 100 万多张免费的照片、矢量文件、插图，可以在任何地方免费使用。有移动 APP，支持中文检索。

网址：www. pixabay. com

7. Pexels

Pexels 是一个免费的、共享版权的网站，为用户提供海量高清图片素材，每周都会定量更新。 Pexels 所有的图片都会显示详细的信息，如拍摄的相机型号、光圈、焦距、ISO、图片分辨率等，高清大图质量很好。

网址：https://www. pexels. com/

8. Visual hunt

Visual hunt 是一个免费的、共享版权的网站，搜集了来自许多在线资源的高品质免费照片，还提供来自 Flickr 等站点的所有知识共享和公共领域照片。

网址：https://visualhunt. com/

9. Stocksnap. io

Stocksnap. io 是一个免费的、共享版权的网站，搜罗了全球（以外语国家为主）有趣、有料的高清生活图片，是很好的素材网站和摄影图片库。

网址：https://stocksnap. io/

10. Negative Space

Negative Space 是一个免费的、共享版权的网站。每张高质量照片都是由 Negative Space 社区的摄影师拍摄的，照片类别包括抽象、动物、建筑、商业、黑与白、食品、风景、自然、人、体育、街道、技术、运输和工作等。

网址：https://negativespace. co/

11. Free Great Picture

Free Great Picture 是一个免费的、共享版权的网站，内容很丰富，每周都会定量更新。

网址： https://www. freegreatpicture. com/

12. Public Domain Archive

Public Domain Archive 是一个免费的、共享版权的网站，发布用于公共领域的图片资源，用户可以免费下载使用，不过所收录的高清晰图片都是有时间限制的。

网址： https://www. publicdomainarchive. com/

13. Picjumbo

Picjumbo 是一个免费的、共享版权的网站，提供动物、建筑、时尚、食物、科技、生活等多种类别的图片，可以应用于网页设计、背景、模版等多种项目。用户可以通过 RSS 订阅来获取最新的图片素材。 Picjumbo 不仅有图片，还有各式插画、矢量画，质量也很高。

网址： https://picjumbo. com/

14. Gratisography

Gratisography 是一个免费的、共享版权的网站。每周定期发布一些高品质的免费照片，包括动物、自然、物体、人物、城市、搞怪等类别。

网址： https://gratisography. com/

附录 2

配色工具网站

1. peise. net

Peise.net

Peise 提供了上千套配色方案，主要基于六种配色方法（单色搭配、近似色搭配、补色搭配、分裂补色搭配、原色搭配）。其便捷之处在于提供了色彩分类和常用标签（在网站首页的右侧），方便用户根据自己的目标进行检索。

Peise 网站有四个板块：

(1) 下载板块： 提供一些色环、色谱以及相关实用软件的下载，附有下载地址。

(2) 学习板块： 介绍一些关于色彩、配色、色彩心理学、色彩风水学等的知识。

(3) 色彩板块： 着重介绍一些基础的色彩知识。

(4) 搭配板块： 提供众多配色方案。

网址： http://www. peise. net/

2. color dot

color dot 是一个比较特别、操作简单的配色工具。该网站不提供任何配色方案，只给一个空白页面，用户只要在上面移动鼠标就会自动调整及切换颜色，不用下载安装软件，直接从浏览器就能操作。这种方式可能会在配色上带给你一些意外的惊喜。

网址：https://color. hailpixel. com/

3. Color Hunt

 Color Hunt

Color Hunt 是一个开放的调色板集合。该网站的配色方案简单直观，是由用户提供的。你可以按照最新、最热、最受欢迎、随机等模块选出心仪的配色，将鼠标置于颜色之上，便会出现该种颜色的网页代码，可以直接复制，也可以为喜欢的颜色点赞。不足之处是每天只更新一个配色方案，更新速度慢。

网址：https://colorhunt. co/

4. iSlide 色彩库

 iSlide™

iSlide 是一款基于 PowerPoint 的插件工具，提供从配色到排版，从模板到图表的一键化 PPT 解决方案，具备一键优化（字体、配合、样式）、设计排版、色彩库、图标库、图示库、主题库等常用 PPT 功能。

在 iSlide 插件"资源组"中，点击「色彩库」选项，会弹出色彩库功能窗口。 iSlide 色彩库的意义是帮助用户快速统一整个 PPT 的色彩风格，既可以应用到 PPT 里的全部页面，也支持只应用到当前选定页面。

网址：https://www. islide. cc/

参考资料

本书的内容基于笔者多年 PPT 美化相关培训的教学设计和实践经验，是不断完善、不断丰富的过程，对于笔者个人来说也是一路学习成长的过程。书稿中有一些参考借鉴了别人的优秀观点或示例，也有笔者自己的反思和总结。以下仅罗列一些给笔者留下深刻印象的文献和资料，给有志于进一步学习的读者参考。

(1) ［美］基恩·泽拉兹尼. 用演示说话：麦肯锡商务沟通完全手册（珍藏版）[M]. 马振晗、马洪德，译. 北京：清华大学出版社，2013.

(2) ［美］基恩·泽拉兹尼. 用图表说话：麦肯锡商务沟通完全工具箱（珍藏版）[M]. 马晓路、马洪德，译. 北京：清华大学出版社，2013.

(3) ［美］加尔·雷纳德. 演说之禅：职场必知的幻灯片秘技 [M]. 第 2 版. 王佑、汪亮，译. 北京：电子工业出版社，2017.

(4) Nancy Duarte，*Slide: ology—The Art and Science of Presentation Design*，O'Reilly Media, Inc, USA，2008.

(5) ［美］威廉姆斯. 写给大家看的设计书 [M]. 第 4 版. 苏金国、李盼，等，译. 北京：人民邮电出版社，2016.

(6) 秋叶，卓弈刘俊. 说服力：工作型 PPT 该这样做 [M]. 第 2 版. 北京：人民邮电出版社，2014.

后 记

2009 年我在北京大学教育技术中心做教学发展工作，在此之前接触过的与 PPT 培训相关的工作主要是英特尔教育项目：为国外专家编写的信息素养培训教材做翻译、本土化以及实施培训等工作，而这些培训方案针对的主要是中小学教师。 10 月的一天，有幸参与组织并现场聆听了一场面向北京大学教师的校内培训，特邀谷歌市场营销部门员工做关于如何制作 PPT 的讲座。那次体验给了我很深刻的印象。之后我开始思考两个最基本的问题：一是教学 PPT 与通用 PPT 的区别到底是什么？二是给高校教师做 PPT 培训应该怎么做才有效？

带着这两个问题，我在教学发展实践中开始了探索之旅。 2010 年主编的《教师教育技术一级培训教材》出版； 2012 年第一个工作坊"美化你的 PPT：方法与实战"面世即受到广泛的欢迎和认可； 2013 年新增开设"美化你的 PPT：操作与技巧"系列工作坊； 2016 年开始做青年教师教学竞赛的 PPT 专项指导； 2018 年纳入爱课程"教师教学能力提升类 MOOC 课程项目"第四期选题； 2019 年 5 月"美化你的教学 PPT"慕课上线； 2019 年 9 月第一轮混合式研习营顺利举办，同时开始酝酿纸质书出版……这些年在这方面所做的工作可能让我离这两个问题的确切答案越来越近。

我要特别感谢一路成长过程中那些给予过我启迪和帮助的人。北京大学汪琼教授提供的接触优质项目的机会孕育了这本书最初的种子，入选爱课程"教师教学能力提升类 MOOC 课程项目"选题也得益于她的信任和推荐；上海交通大学高捷教授在工作中营造的宽松氛围，为培训方案的打磨完善提供了最适宜的土壤；章晓懿教授作为教学发展中心的现任领导对纸质教材的出版给予了大力支持，让这本书能够最终面世；高等教育出版社爱课程高瑜珊副编审在慕课建设和运行的过程中提供了丰富的建议；上海交通大学出版社的赵静老师热心为出版相关事宜提供建议和帮助；本书的责任编辑唐宗先老师对书稿认真细致的审读和修正。可以说没有这些人无私的帮助，就不会有我在 PPT 培训方面的这些成果。

还要感谢为本书成稿做出直接贡献的团队成员。邓明茜承担了大部分文字初稿的编写和最终书稿汇总润色的任务；张兴旭参与了部分文字初稿的编写，她还是在线慕课运营的负责人；许歆瑶、胡缅作为 PPT 美化实战高手制作了本书中绝大部分 PPT 样例，许歆瑶还承担了慕课中手绘动画视频制作和面授研习营培训师的工作；路帆和普雅是慕课中所有视频的后期制作者，虽然在这本书稿中没有直接体现，但他们专业的制作也是保证课程质量的重要一环，同样为本书的出版做出了贡献，在此一并致谢。另外，书中涉及的教学 PPT 美化案例皆改编自团队过往所承担的培训、教学竞赛美化任务中的真实教学 PPT，所涉教师众多，无法一一罗列，在此也一并表示由衷的谢意！

推荐语 Recommended Words

戚世梁

西安欧亚学院高级顾问、首席培训师

做好教学 PPT 是高校教师需要练好的一项基本功，但非常可惜的是，我们大学的教师很少能够得到这方面的指导和培训。就算有，也大多不是偏 IT 技术方面的功能性介绍，就是纯粹的某种排版效果的炫技。在这样的培训中，教师们真正的收获甚少。

今天，我们终于有了由上海交通大学教学发展中心邢磊老师编著的《美化你的教学 PPT》这样一本实用性超强的教材，它是真正脚踏实地从教师教学实践需求出发，用一个一个的实例，引领着你自己思考、自己动手，真正能够让你在学习过程中把教学理念、教学场景、学科特点、受众对象等教学要求完美地融合到你的 PPT 中，是一部有高度、接地气、易懂好学的难得的好教材、好指导书。

作为一个在高校教学发展中心工作多年的"老兵"，我真诚地把这本书推荐给各位老师，推荐给教学发展战线的同行们。

贺光辉

上海交通大学电子信息与电气工程学院教师、全国高校青教赛一等奖获得者

非常高兴邢老师的心血落地成文。一下午认真初读完毕，可观此书以多年一线教学和培训经验写就，辅以教育心理学，知识点旁征博引，深入浅出，逻辑严谨，故而读来酣畅淋漓，水到渠成。对我们教学任务紧迫，日夜与 PPT 打交道的高校教师而言，此书是学习良方，阅读起来亦是美事一桩，相信这会是我案前时时翻阅之座上宾！

田媛

华中师范大学心理学院教师、心理学网红课程主讲

一线教师除了教育理论的学习、教学技能的培训外，也应该掌握很多基础性的现代技术，教学 PPT 的制作和美化就是很重要的一项。就像做菜一样，高质量的内容是好的食材，恰到好处的调味品能使食材焕发出最大的香味。邢磊老师的《美化你的教学 PPT》，易上手，好消化，见效快。和邢磊老师一起学习美化 PPT，让你的课程色香味俱全。

高捷

上海交通大学教学发展中心顾问、高校教学发展网络（CHED）首届秘书长

邢磊自 2011 年加入上海交通大学教学发展中心以来，在教发领域辛勤耕耘，先后开发了多个主题的教学工作坊和培训课程，在校内外广受好评。他特别针对目前教师上课的必备工具——PPT，进行了广泛深入的研究，这本书就是他总结数年来多主题的培训经验而形成的一项成果。

教师教学发展是国内近年来兴起的高校教学改革的一个热点领域。目前在这个领域中，经过大量实践总结出的成果还不多见。鉴于此，邢磊的这本书对于高校教师提升教学 PPT 制作水平，进而改善教学效果将是十分有用的。

王毅

超星集团副总经理

我在教育信息化领域做了二十年，以我的了解，能把 PPT 的应用写得这么精彩的寥寥无几。无论教育技术怎么发展，PPT 依然是教师很重要的教学工具。邢老师这本新著，不仅能让 PPT 更吸引学生，更能完美地表现教师的课程设计，让课堂回味无穷。

高瑜珊

高等教育出版社副编审、"教师教学能力提升类 MOOC 课程项目"负责人

中国大学 MOOC 是由高等教育出版社与网易携手推出的在线教育平台，承接教育部国家精品开放课程任务，向大众提供中国知名高校的 MOOC 课程。上海交通大学邢磊老师的"美化你的教学 PPT" MOOC 课程在平台已成功开设 2 期，每期报名学习者都在 1.5 万人以上，课程评价高达 4.8 分（满分 5 分），是一门非常受欢迎的教师教学能力提升 MOOC 课程。现在配套教材得以出版，对广大教师和学习者来说更是一个福音。很多习惯通过阅读学习或因为各种原因不能参加课程学习的教师，相信可以通过这本书深入领会教学 PPT 美化的精髓。

马映君

中央民族大学教师教学发展中心主任

接到邢磊老师关于为其编著的《美化你的教学 PPT》一书写推荐词的邀请已有半个多月，但因日常事务性工作较多，始终没有一个完整的时间认真阅读，终于在一次出差的航班上遂了愿，一口气读完全书。先学习书中提到的原则，用一些简洁的词汇描述我的感受：定位精准，目标明确，线索清晰，逻辑严密，内容丰富，语言简洁，图文并茂，深入浅出，富含"干货"……如果需要把这些简洁的词汇做进一步阐释，我觉得这本书体现了邢磊老师严谨、专业、认真的工作态度，以及作为一名资深的教学发展工作者对于教育教学事业无私奉献的情怀。

邢磊老师是一位极为优秀的培训师，他对于课堂的掌控能力能让受训者即使在短短 20 分钟内也受益匪浅。《美化你的教学 PPT》一书，是他对多年工作不断研究、总结和反思的成果。他基于以学习者为中心的教学理念，立足教学设计，经过精心的筛选，在书中向教师呈现了大量操作性极强的 PPT 美化方案，不仅从教育技术的层面提供了方法，也用脑科学、学习科学的理论阐释了原理。中央民族大学教师教学发展中心向所有希望课堂教学发生变化的老师强烈推荐!

汪琼

北京大学教育学院教授、教育技术领域专家

现在的教师基本上都会做 PPT，使用 PPT 代替挂图和部分板书辅助教学是现今课堂的常态。教学 PPT 不只反映了教师对教学内容中重点、难点的摘录或强调，也体现了教师对于教学内容如何传递给学生才能帮助学生学得又快又好的思考。《美化你的教学 PPT》针对来自一线的教学 PPT，用美化前后的对比图，解读可以帮助教师们更好地表达教学理念的工具、技巧和方法，值得边读边做。

杨楠

上海财经大学教师教学发展中心副主任

2013 年 9 月，邢磊老师首次来我校作主题为"美化你的 PPT：方法与实战"的讲座，成为当年我们举办的所有讲座中观众笑声与掌声最多的一场。此后数年间，邢老师每次来都带给我们新的内容与感悟。邢老师善于用幽默的语言和深邃的分析带领我们快速掌握教学 PPT 美化的要领。期待"美化你的教学 PPT"慕课与这本教材能帮助更多的教师们实现教学质量的提升!